serie C

6823

PIGEONS, DINDONS

OIES ET CANARDS

TYPOGRAPHIE FIRMIN-DIDOT. — MESNIL (EURE).

BIBLIOTHÈQUE DU CULTIVATEUR

PIGEONS, DINDONS
OIES ET CANARDS

PAR

J. PELLETAN

OUVRAGE ORNÉ DE 21 GRAVURES

PARIS

LIBRAIRIE AGRICOLE DE LA MAISON RUSTIQUE

26, RUE JACOB, 26

1879

PRÉFACE

Dès la plus haute antiquité, l'utilité du pigeon, de l'oie et du canard a été appréciée à sa juste valeur. La Genèse, en nous représentant Noé donnant, aux derniers jours du déluge, la liberté à la colombe de l'arche, colombe qui revient le soir au toit hospitalier, portant dans son bec le rameau d'olivier symbolique, nous fait voir que dès les premiers âges du monde le pigeon s'était déjà rallié à l'homme et avait pris l'habitude de vivre dans ses habitations. Aussi, les annales de tous les anciens peuples font mention de ce doux oiseau; les poëtes l'ont chanté comme l'emblème du pur amour, l'ont attaché au char de Vénus et en ont fait l'offrande pacifique la plus agréable à la Divinité. Au moyen âge, les seigneurs se le réservèrent, et le droit de colombier devint un des priviléges de la noblesse. Mais aussi, aux jours de la grande tourmente révolutionnaire, l'innocent pigeon porta la peine de fautes qu'il n'avait guère commises, et lorsque le comte de Virieu eut fait, au nom de la noblesse, l'abandon du droit de colombier, dans la mémorable nuit du 4 août, le peuple des campagnes jaloux de détruire tout ce qui lui était un souvenir de l'ancienne servitude, se rua sur les pigeonniers de haut vol qui lui fournissaient annuellement plus de deux millions de kilogrammes de viande saine et à bon marché. Les colombiers furent détruits. Puis, des lois furent édictées qui, se faisant l'écho d'accusations exagérées contre l'ins-

tinct pillard du pigeon, restreignirent son élevage ; moins
sévères qu'on ne le croit, elles portèrent cependant à cette
industrie productive un coup dont celle-ci ne s'est pas
encore relevée.

L'oie que possédaient aussi les anciens peuples de l'Asie,
premiers pères de notre civilisation, n'apparaît d'une manière certaine, en Europe, que dans les poëmes d'Homère ;
Aristote la cite comme pondant souvent sans fécondation,
mais c'est surtout pendant la période romaine que son
élevage semble avoir été pratiqué en grand. La Gaule, et
principalement le pays des Morins (Pas-de-Calais) et des
Belges, eut la spécialité de cet élevage. Au temps de Pline,
les Gaulois conduisaient jusqu'à Rome d'innombrables
troupeaux d'oies. C'est d'eux, sans doute, que les Romains
apprirent cette industrie qu'ils pratiquaient en élevant les
oies sous d'immenses filets. La Rome républicaine fit
l'oie sacrée et la voua à Junon ; en reconnaissance de
quoi l'oiseau sauva le Capitole et la ville, sous Manlius.
Mais plus tard, les Romains, gens pratiques, inventeurs de
l'engraissement, reconnurent les bons effets de ce régime
appliqué à l'oie. Le poëte Martial chanta les qualités du
foie de l'oie engraissée gonflé dans le lait et dans le miel,
suivant la méthode de Métellus Scipion. La gloire du paon
farci de langues de rossignols éclipsa, il est vrai, celle de
l'oie grasse, sous les gastronomes de l'école de Lucullus,
mais on en revint bientôt à celle-ci, et c'est avec la viande
d'oie que faisaient pénitence les premiers chrétiens,
bien que saint Jérôme leur reproche en termes assez crus
de manger du paon en cachette [1]. Néanmoins, l'oie n'a pas
eu, dans les temps modernes, à payer, comme le pigeon,
la haute fortune que lui avaient faite les temps antiques.

[1] *Anserem comedunt sed pavonem eructant.*

Son élevage en France, en Allemagne, en Hollande se développe tous les jours, et l'on sait ce que la France, en particulier, renchérissant sur la formule de Métellus Scipion, a fait pour sa gloire, en inventant les pâtés de Strasbourg et de Toulouse et la terrine de Nérac.

Le canard, le plus facile à élever, peut-être, de tous les oiseaux de basse-cour et le plus productif, rallié à l'homme comme la poule, comme le pigeon, comme l'oie, dans l'ancienne Asie, fut domestique aussi chez les Grecs et les Romains. S'il n'a pas sa page dans la Bible comme le pigeon, dans l'histoire comme l'oie, il en a une fort curieuse dans la légende. Oiseaux aquatiques, migrateurs, amis des plages maritimes, les canards sauvages, macreuses, fuligules, font, à certaines époques, irruption sur les côtes normandes et picardes. Ne sachant d'où provenaient ces innombrables volées d'oiseaux, les naïfs habitants de ces plages, comme ceux des Cornouailles, du pays de Galles, de la verte Erin, avaient dès avant le XIIᵉ siècle, supposé que ces oiseaux devaient naître par des moyens plus rapides que les moyens naturels. C'est d'abord du fruit d'un arbre qu'on les a fait sortir, mais on n'était pas d'accord sur l'arbre, bien que d'anciens livres de voyages aient donné la figure exacte de cet arbre merveilleux montrant, entre les valves ouvertes de ses fruits, des canards naissants. Des naturalistes affirmèrent le fait *de visu*. Puis ce fut du bois pourri, particulièrement du bois de sapin, des épaves des barques naufragées, puis encore des mousses, des algues et des plantes marines décomposées qu'on les fit naître, et l'on a longtemps et longuement discuté sur la matière. Du Bartas, dans son poëme sur la création (1578) s'écrie, plein d'une admiration confiante dans la Sagesse divine :

Ainsi le vieil fragment d'une barque se change
En des canards volants ! — ô changement étrange !
Même corps fut jadis arbre vert, puis vaisseau,
Naguère champignon, puis maintenant oyseau !

Enfin, ce fut un animal marin qu'on chargea de la génération du canard ; l'*anatife, conque anatifère* ou *porte-
canard*, fut considérée comme du frai de canard sauvage, « frai de canne-hote, » disent les Normands. Des
naturalistes affirmèrent aussi avoir entendu sortir des valves
de l'anatife le cri des jeunes canards. Et aujourd'hui
encore, pour bien des pêcheurs bretons et normands, la
chose n'est pas douteuse.

Toutefois, les éleveurs savent bien maintenant, et depuis
longtemps déjà, que le canard naît d'un œuf de cane, et
l'industrie qui se pratique à Rouen, à Amiens, à Toulouse,
etc., prendra encore un plus grand développement, lorsqu'on saura mieux que les canards, et surtout les grandes
races, n'ont pas besoin d'avoir de l'eau à discrétion pour
croître et prospérer.

Quant au dindon, oiseau américain, le dernier venu
chez nous, importé en Espagne dès les premières années
du XVIe siècle, en Angleterre sous Henri VIII, en France
sous Louis XII, il n'a trouvé place ni dans la poésie, ni
dans l'histoire, ni dans la légende. Il ne doit, pour ainsi
dire, rien encore à l'influence de l'homme et quoique de
bon produit dans les localités qui lui sont favorables, son
élevage, au moins dans sa jeunesse, est encore relativement difficile.

Nous devions aux quatre oiseaux qui vont nous occuper
ce court résumé de leur histoire dans le passé, avant de
les étudier dans leur présent et dans leur avenir.

J. PELLETAN.

PIGEONS

DINDONS, OIES ET CANARDS.

PREMIÈRE PARTIE

LES PIGEONS

I

LE PIGEON

La France ne possède que trois espèces de pigeons, le *pigeon ramier* (*columba Palumbus*), le *pigeon colombin* (*c. æsnas*), et le *pigeon biset* (*columba livia*) ; et deux espèces de tourterelles, la *tourterelle des bois* (*c. turtur*), et la *tourterelle à collier* (*c. risoria*). Cette dernière, originaire de l'Égypte, de la Syrie, peut-être de l'Inde, est depuis longtemps acclimatée et domestiquée chez nous, où elle a donné de charmantes variétés.

Quant aux races innombrables de pigeons qui vivent en domesticité dans nos volières, ou en demi-domesticité dans nos

pigeonniers, ce sont de simples variétés dont le type est difficile à retrouver. Les modifications que ce type a subies depuis l'époque si reculée de sa domestication sont tellement nombreuses et profondes que, dans certaines races, elles portent sur des carac-tères distinctifs non-seulement des espèces, mais des genres. On admet aujourd'hui, bien que cela ne soit pas complétement démontré, que le *pigeon biset* (*columba livia* de Linnée) est la souche de tous ces produits dissemblables.

Dans les couvées des races les plus modifiées, on retrouve souvent des jeunes qui ont repris les caractères et la livrée du biset primitif, — c'est la variété qui retourne au type. — Dans ces mêmes races les plus modifiées ce sont encore les caractères du biset qu'on retrouve, plutôt que ceux de toute autre espèce.

Quelques-unes de ces modifications si profondes se pro-duisent sous nos yeux, souvent même à volonté. Par les croi-sements et la sélection, les éleveurs fabriquent, pour ainsi dire, un pigeon suivant leur fantaisie. Certains caractères sont plus persistants que d'autres, et lorsqu'il suffit d'un an ou deux pour obtenir tel plumage que l'on désire, il faut parfois cinq ou six ans pour façonner une tête ou un bec.

En décrivant le biset et quelques-unes des principales variétés qu'on lui rapporte nous reviendrons sur ce sujet.

I. — PIGEON RAMIER (*columba palumbus* L).

Le *pigeon ramier*, *pigeon des bois*, *pigeon sauvage*, la *palombe* ou *palome* des Pyrénées, est à peu près connu de tout le monde. C'est la plus forte des espèces d'Europe ; on lui faisait la chasse en grand lorsque ses bandes étaient nombreuses, à son passage dans les gorges des Pyrénées, car le ramier part tous les ans, aux premiers brouillards d'automne, pour l'Espagne et l'Afrique dont il revient au mois de mars. Aujour-d'hui qu'il a bien diminué de nombre, il n'émigre pas tou-

jours et reste souvent pendant l'hiver dans nos contrées, surtout dans les départements producteurs de graines oléagineuses.

Il niche sur les arbres où il fait un nid grossier, et ne produit
guère qu'une ponte par an. Il se nourrit de glands, de graines,
de baies sauvages, de bourgeons de pin, jusqu'au mois de
septembre, époque à laquelle il quitte les forêts pour les plaines
cultivées, à la recherche des graines légumineuses et oléagineuses dont la récolte vient d'être faite.

C'est un fort bel oiseau qui mesure jusqu'à 0m,49 de longueur et 0m,80 de vol. Il a le bec blanc, l'iris jaune pâle, les
pieds rouges et le plumage d'un ton gris cendré bien connu.
La gorge est nuancée de tons châtoyants à reflets verts et bleus
glacés de nuances dorées, avec un croissant blanc de chaque
côté du cou. Les parties inférieures sont plus claires, les ailes
portent une épaulette blanche avec les couvertures des pennes
des premiers rangs noires. Les rectrices de la queue sont d'un
cendré noir passant au noir à l'extrémité. — Ses formes sont
élégantes, harmonieuses, son vol est continu et rapide, sa vue
plus perçante que celle des autres espèces, son roucoulement
gai et sonore.

Le ramier est d'un caractère farouche et défiant, il se mêle
rarement avec les pigeons domestiques, et ne paraît pas s'accoupler avec eux. On peut, néanmoins, le conserver facilement
en volière fermée et même en colombier, surtout en faisant
couver ses œufs et élever les petits par un couple de pigeons
domestiques, et les empêchant d'émigrer au moment du départ
d'automne. Il s'apprivoise ainsi complétement.

Tout le monde connaît les ramiers des Tuileries qui, depuis
de longues générations, se reproduisent dans ce jardin à l'abri de
toutes les attaques. Ils paraissent donner deux couvées par an,
et sont arrivés à un tel degré de familiarité qu'ils viennent
prendre du pain jusqu'entre les lèvres des grandes con-
naissances.

II. — PIGEON COLOMBIN (*columba ænas* Lath.).

Bien moins caractérisée que celle du ramier, l'espèce du pi-
geon-colombin ressemble à la fois au ramier et au biset.

« Il existe, dit Temminck, dans nos climats, deux sortes de
pigeon proprement dit. La première, d'où proviennent nos pigeons de colombier, habite et niche en état de liberté dans les
roches et les vieilles masures ; au défaut d'un pareil gîte, il
s'accommode aussi du tronc vermoulu de quelque vieux arbre ;
cette espèce est connue sous le nom de *biset*. Une autre espèce,
presque toujours mal observée et plus mal décrite encore par les
naturalistes, vit aussi en état sauvage dans nos contrées ; ses
mœurs, bien différentes de celles que l'on observe dans le biset,
ne permettent en aucune manière de le confondre avec celui-ci ;
il demeure toujours dans les bois et pose son nid sur la cime des
plus hauts arbres ; son naturel est farouche comme l'est celui
des pigeons-ramiers et son genre de vie semble en général se
rapprocher beaucoup de celui de cette espèce. Dans les forêts de
la Bourgogne et de la Lorraine, où cet oiseau se rend toutes les
années pour le temps des pontes, les habitants lui donnent le
nom de *petit-ramier* et le distinguent de l'autre espèce qu'ils
nomment simplement *ramier ;* dans les pays boisés de l'Allemagne on lui donne le nom de *pigeon-bleu* ou *petit-pigeon des
bois.* »

Temminck ajoute que cette espèce nommée par lui pigeon-
colombin, et qui est le *columba ænas* de Latham, vient nicher
avec les ramiers dans les arbres des Tuileries. Cette observation se rapporte aux années 1811-1815.

Le colombin est plus petit que le ramier et n'a guère que
0^m,39 de long avec 0^m,73 de vol. Il a donc, à peu près, la taille
du biset dont il se distingue par le croupion qui n'est jamais
blanc, mais cendré clair, et par les premières plumes de l'aile qui
sont noires, toutes les suivantes étant noires à l'extrémité. L'aile

Fig. 1. — Pigeons ramier, biset, romain.

porte deux taches noires et non deux barres, comme celle du
biset, l'une sur les deux moyennes pennes les plus proches du
corps, l'autre sur les trois grandes couvertures. La gorge a les reflets chatoyants d'un vert irisé de violet et de cuivré ; le dessous de la queue est traversé d'une barre gris clair, près de
l'extrémité. Le ton général du plumage est, du reste, le gris
cendré ; l'iris et les pieds sont rouges, les ongles noirs, le bec
rosé.

Ses mœurs sont d'ailleurs celles du ramier et non du biset ;
il perche et niche sur les arbres, jamais dans les rochers et les
murailles. Il émigre, à l'automne, vers l'Égypte et la Barbarie
dont il revient en mars, une quinzaine de jours avant le ramier. Son vol est aussi rapide et soutenu, mais sa vue moins
perçante ; aussi, les chasseurs pyrénéens, qui l'appellent biset,
le prennent-ils en grand nombre à la *pantière* lors du passage.

Il revient fréquemment dans les mêmes cantons, mais est
assez rare en France où il n'habite que les départements fo-
restiers de l'Est, et seulement les grands bois ; aussi préfère-
t-il la rive droite du Rhin à la gauche, la Forêt-Noire aux
forêts des Vosges et des Ardennes.

Sa nourriture et sa manière de vivre sont les mêmes que
celles du ramier. (Fig. 1).

III. — PIGEON BISET SAUVAGE (*colomba livia*, Lath.)

Citons encore Temminck :

« Nous réunissons sous cet article et regardons comme autant
de descendants du *biset sauvage*, tous les pigeons de colombier,
es diverses races de pigeons de volière, qui, par la forme du
bec et des parties principales, ressemblent à cet oiseau, — le
pigeon domestique des naturalistes, la prétendue espèce de
pigeon romain ainsi que ses variétés, et le *pigeon de roche* ou

rocherai. — Ces oiseaux produisent ensemble des individus
féconds qui se reproduisent à leur tour et forment, par l'en-
tremise de l'homme, ces races particulières que nous remarquons
dans les pigeons de volière ; ceux-ci se maintiennent par les
soins qu'on prend de les assortir. Ce sont particulièrement ces
pigeons dont les différentes nuances sont presque innumérables.
Les hommes, en les perfectionnant pour leurs jouissances, ont
multiplié ces races, plus par luxe que par nécessité ; ils ont
altéré leurs formes, et leur sentiment de liberté s'est trouvé
totalement détruit.

« Le produit en grand nombre est la source des variétés dans
les espèces. Nos colombiers, peuplés par une quantité de pigeons accoutumés et familiarisés avec ces bâtisses, ont successivement offert des variétés accidentelles, parmi lesquelles on
aura choisi les plus belles et les plus particulièrement bigar-
rées ; celles-ci, isolées de la troupe, élevées avec des soins
assidus et assortis suivant le caprice, ont successivement en-
gendré toutes les races particulières dont l'homme est le créa-
teur et qui, sans lui, n'auraient jamais existé. »

Ceci, nous l'avouons, est du fort mauvais français, mais
l'idée que cela exprime est généralement admise, et concorde
avec les principes soutenus par I. Geoffroy Saint-Hilaire. En
effet, quelques-unes de ces races de colombier, créées par
l'homme, les meilleures et les plus belles pour lui, en raison
des services qu'il attend d'elles, mais les plus dégradées pour
la nature, comme dit Buffon, sont quelquefois reprises d'une
réminiscence de leur vie primitive, du moins celles qui ne sont
pas complétement abâtardies et savent encore trouver leur
nourriture elles-mêmes. Elles quittent parfois le colombier et
reprennent leur liberté. Mais où vont-elles s'établir et nicher ?
— Dans les rochers et les vieux murs, comme leurs premiers
pères, les bisets sauvages, et non dans les bois comme les ramiers et toutes les autres espèces étrangères dont on pourrait
les supposer les descendantes.

De plus, dans les colombiers mêmes, ainsi que nous l'avons

déjà dit, on voit souvent des pigeonneaux, nés de races très-diverses et très-modifiées, revêtir la livrée primitive du biset sauvage et retourner au type.

Le *biset* est un oiseau voyageur ; il émigre tous les ans pendant la saison froide et va chercher un ciel plus clément et des graines qu'il ne trouve plus chez nous. Cependant, ceci n'est plus absolument vrai, maintenant qu'on fait des semailles à peu près en tout temps, et l'on peut aujourd'hui rencontrer des bisets sauvages pendant l'hiver.

L'Europe, l'Asie, l'Afrique nourrissent des bisets à l'état sauvage ; on en voit beaucoup en Perse et en Égypte ; Maugé en a tué à Ténériffe près des ruines de l'ancienne capitale des Guanches.

Cet oiseau se distingue du ramier et du colombin en ce qu'il ne perche pas et ne niche pas sur les arbres, mais dans les roches ou les murs ; il est plus petit que le ramier et diffère du colombin par quelques détails de coloration, notamment par le croupion qui est blanc. Sa longueur totale est d'un peu plus de 36 centimètres et son envergure de près de 73. Ses ailes repliées atteignent presque le bout de sa queue. Sa couleur est seulement un peu plus bise que celle du pigeon biset domestique, les plumes de son cou ont des nuances moins éclatantes et ses reflets sont moins brillants. Sa teinte générale est un gris bleuâtre ; les couvertures des ailes sont plus foncées et la partie inférieure du dos, le croupion, est blanche. Les grandes pennes des ailes sont noirâtres, les secondaires et les grandes couvertures cendré bleuâtre, avec le bout noir, ce qui forme sur chaque aile deux barres transversales noires. La queue est bleuâtre, terminée de noir, et les pennes les plus extérieures, de chaque côté, ont les barbes extérieures blanches. Le jabot est ordinairement roussâtre et le cou offre des reflets chatoyants, moins brillants, toutefois, que chez le biset domestique. Le bec est rouge pâle, les pieds rouges et les ongles noirs.

C'est au biset sauvage qu'il faut rapporter certaines bandes de pigeons célèbres qui ont établi domicile, mais librement et vo-

lontairement, dans quelques édifices publics où ils acceptent
par tradition, la demi-hospitalité de l'homme, comme le font
les ramiers des Tuileries. Tels sont les pigeons de Saint-Marc,
à Venise, qui recevaient autrefois de la République une sub-
vention de graines; ceux des arches du Pont-Neuf, à Paris, et
quelques autres.

Du reste le vrai biset sauvage est assez rare dans notre pays,
cependant, « je sais encore aujourd'hui, en France, dit Toussenel, quelques pauvres localités, falaises de l'Océan, roches de
Thébaïdes intérieures, où vivent à l'état libre, c'est-à-dire sous
la menace perpétuelle de l'autour et du braconnier, les rares
débris de la race du biset type. Quand je vois les périls qui
planent sur la tête de ces derniers amants d'une liberté illusoire
et quand je compare leur sort à celui de leurs frères captifs, je
n'ose plus m'attendrir sur l'infortune de ceux-ci, ni réclamer
pour eux les jouissances absolues de leurs droits naturels.
Tristes droits naturels que ceux d'être traqués, forcés, plumés
vifs et croqués par tous les assassins de la terre et du ciel ! La
liberté, hélas! n'est que le pain des forts. »

Première race. BISET FUYARD, *biset de colombier* etc. —
C'est le biset primitif plié à la vie de colombier ; c'est lui qui
peuplait les anciens pigeonniers de haut vol ou *Fuies* qu'il
quittait parfois pour aller vivre, *rocherai* ou *pigeon de roche*,
dans les vieux murs et les rochers.

Le fuyard a conservé une partie du naturel farouche du
type sauvage dont il se rapproche beaucoup. Il se fait plutôt le
voisin de l'homme que son serviteur, et n'aime point à être
tourmenté par lui dans son pigeonnier.

Un peu plus gros que son ancêtre sauvage, il a les couleurs
plus vives. Il fournit d'ailleurs des variétés de taille et de plumage en raison de l'abondance de la nourriture qu'il trouve.
Ses pieds sont d'un rouge terne ou noirâtre, son bec noir ou
plombé, sans *morilles* ou tubercules ; l'iris est sombre ou noir.

Il vit environ huit ans, mais sa fécondité, comme celle de tous
les pigeons de colombier, diminue après la quatrième ou la cin-

quième année. Bien traité, il peut fournir quatre pontes par an. Dans le nord de la France il n'en donne souvent que deux, et cependant on trouve encore avantage à l'élever.

Un peu plus profondément modifié par le régime et les soins, les appartements choisis, il s'éloigne de plus en plus du type. Son plumage passe par toutes les nuances (mais le croupion reste blanc), sa taille grandit, il devient ce qu'on appelle souvent le *pigeon domestique*, qui n'est ni plus ni moins domestique qu'un autre.

Deuxième race. PIGEON MONDAIN. — C'est un *pigeon domestique* amélioré par une culture plus attentive, et restreint à une domesticité plus étroite encore. C'est le pigeon qui prospère en volière, même en cage, se nourrit de tout ce qu'on veut, ou à peu près, n'a plus de caractère à lui, serait incapable de trouver lui-même sa nourriture. Il a perdu son instinct de liberté, s'accouple avec toutes les races et les variétés, et a même perdu sa fidélité primitive du mâle à la femelle et réciproquement. Introduit dans une volière renfermant des couples d'autres races, il apporte la perturbation dans ces ménages et donne naissance à des produits mélangés. En revanche, les mondains sont les plus familiers de tous les pigeons. Ils sont gros, étoffés, bien faits, robustes, très-féconds et faciles à nourrir.

Leur plumage varie de toutes les nuances possibles, mais, au point de vue de la taille, on divise les mondains en trois groupes.

1° *Gros mondain*. Il a un filet rouge autour des yeux ; sa taille approche parfois de celle d'une petite poule. Comme toutes les fortes variétés, il est moins fécond et couve moins bien que les races moyennes. Tout plumage.

2° *Mondain moyen* ou *pigeon de mois*. L'un des plus communs et des meilleurs. Il peut donner une couvée tous les mois. Sans caractères propres, souvent pattu, huppé ou coquillé, car il résulte parfois de la dégénérescence ou du croisement des autres races. Le *mondain de Berlin*, noir bariolé de blanc, avec un

filet rouge autour des yeux, est très-répandu dans le Midi et
très-fécond.

3° *Petit mondain.*

Ces variétés, produits de la culture, en général bonnes et soi-
gnées, plus productives que le biset ou autres races moins domestiques, sont les plus pillardes. Élevés, pour ainsi dire, dans
nos maisons, en contact immédiat, fréquent et nécessaire avec
l'homme, ces oiseaux ont perdu toute timidité. Ils n'étendent
pas leurs ravages au loin, mais il est nécessaire de les séquestrer
pendant les semailles des graines potagères. Ils pénètrent jusque
dans les maisons, volent le sel dans les salières, le pain dans
les huches, et cela avec un invincible entêtement, pour peu
qu'on leur ait laissé prendre la moindre habitude de familiarité.

Troisième race. PIGEON ROMAIN. — Très-répandue en Italie,
on la croit descendante des anciens pigeons de Campanie. Elle
est de forte taille, de 0^m. 42 de long sur 0^m. 75 de vol. Les
ailes pliées touchent le bout de la queue.·

Bec plus ou moins noirâtre, couvert, à la base, d'une membrane épaisse. Ruban rouge autour des yeux, deux *fèves* formant *morilles* sur les narines. Iris blanc, paupière rouge.
Forme et plumage variables. Quelquefois huppé ou coquillé.

Variétés : *Romain blanc, crème de lait, gris piqué* etc. Quelques romains sont plus sveltes : *romain coupé, r. messager,
r. argenté,* etc.

Il mange beaucoup, s'éloigne peu ; il est modérément fécond
(de quatre à six couvées), mais donne des pigeonneaux de fort
poids.

Quatrième race. PIGEON BAGADAIS. — Pigeon de volière, le
plus gros de tous, remarquable par le développement caron-
culeux de la membrane qui couvre les narines et des rubans
qui entourent les yeux, à ce point que le bout du bec est seul
visible et que les yeux sont presque cachés. Le bec est, d'ailleurs, crochu. Plumage blanc ou de couleur sombre. Quelquefois huppé. Plus svelte, plus haut sur pattes et de col plus long
que le romain.

DUDUERIGH.

Fig. 2. — Pigeons nonnain, mondain, boulant.

Moyennement fécond, maladroit, farouche, irritable, peu soigneux de ses petits et souvent d'un prix très-élevé. Race d'amateur.

Le *pigeon turc* a moins de morilles. C'est un romain à caroncules. Presque toujours huppé. Il a les défauts du Bagadais.

Cinquième race. PIGEON POLONAIS. — Plus petit que les précédents, trapu, caractérisé par la forme carrée de sa tête dite *crapautée* et son large ruban autour des yeux (les rubans de chaque côté se touchent souvent sur la tête). Les caroncules sont développées. Peu gracieux et peu fécond. Race d'amateur.

Variétés : *Polonais noir, bleu, rouge. Polonais bénin, bénin huppé,* etc.

Sixième race. PIGEON BOULANT OU GROSSE GORGE. — Cette race est bien définie par la dilatation extrême du jabot que le pigeon gonfle d'air de manière à en former comme une boule énorme sous la gorge. C'est l'exagération de la faculté qu'ont tous les pigeons de se *rengorger*. La gorge de ce pigeon est quelquefois aussi grosse que son corps, mais cet organe, dans un tel état de développement, est le siége de maladies inconnues ou très-rares chez les autres races.

Ce pigeon est fécond et ses variétés sont presqu'innombrables : *blanc, rouge, bleu, chamois, marron, noir, gris, panaché* de toutes ces nuances et de bien d'autres, *soupe-au-vin*.

Plusieurs prennent l'ornement des PIGEONS CRAVATÉS et reçoivent alors le nom de *pigeon à bavette.*

PIGEON LILLOIS. Sous-race démembrée de la précédente, caractérisée par une gorge moins grosse et ovale. Féconde et estimée.

PIGEON MAILLÉ. Gorge encore plus petite que chez le précédent. La dénomination est mauvaise en ce qu'elle ne désigne qu'un accident de pennage qu'on retrouve dans des variétés qui ne sont point *grosse-gorge*. Plus petits que les lillois, plus bas sur pattes, les *maillés* ont le plumage réticulé, de diverses nuances. Le *pigeon maillé jacinthe* et le *maillé feu* sont fort jolis. Race d'amateur.

Septième race. Pigeon CAVALIER. Sans doute produit par le romain et le boulant. Se rapprochant davantage tantôt de l'un, tantôt de l'autre. Membranes épaisses des narines, filet rouge des yeux, tête petite. Parfois le corps est plus allongé, les jambes plus hautes, la tête très-rejetée en arrière, c'est le *cavalier faraud.*

Bonne race et féconde.

Le *cavalier espagnol*, plus gros mais moins fécond, semble un bagadais dont les caroncules et les morilles seraient rentrées dans de justes limites.

Huitième race. Pigeon NONNAIN OU CAPUCIN. — Charmante race ornée d'une fraise ou d'un capuchon formé par les plumes du cou redressées. Ce capuchon doit bien *recouvrir* la tête; il se prolonge en gorgerette sur la poitrine. Le bec est petit, l'œil sablé, avec un ruban rouge; taille petite.

C'est l'un des plus jolis pigeons de volière, doux, familier, très-fécond et ne s'éloignant pas. Toutes couleurs. Les plus recherchés sont de nuance *pure* ou *maurins.*

Neuvième race. Pigeon COQUILLÉ. — La *coquille* est un diminutif de la capuce. Elle est formée par les plumes de l'occiput qui se redressent.

Les coquillés ont les qualités des nonnains.

Dixième race. Pigeon CRAVATÉ. — La mieux caractérisée de toutes les races de volière, à ce point que Temminck et plusieurs auteurs hésitent à la rattacher au type biset. Elle s'allie aussi facilement à la tourterelle qu'au pigeon commun et donne avec elle des métis. Charmante race de très-petite taille caractérisée par les plumes de la gorge redressées et frisées en jabot, la tête carrée, le bec court et très-petit, les yeux saillants, les formes gracieuses. C'est un pigeon grand voilier, au vol direct et très-soutenu, très-employé comme *messager.*

Le *cravaté français*, blanc à ailes noires ou chamois, le *cravaté anglais*, bleu, et le *cravaté blanc* sont les plus recherchés. Il y a aussi un cravaté huppé.

Onzième race. Pigeon VOLANT. — Cette race est petite, comme le biset, svelte de formes, avec un mince filet rouge autour des yeux; l'iris est blanchâtre, les pieds nus et sans écailles, les couleurs variées et irrégulières. Les tubercules sur les narines sont nuls ou très-petits. C'est la plus féconde de toutes les races de colombier. Moins farouche et plus privé que le biset fuyard, le pigeon volant le remplace avec avantage, dans la position qui est faite aux éleveurs par la législation sur les pigeonniers. S'il ne se nourrit pas autant que lui aux dépens des graines qu'il trouve dans les champs et demande, par conséquent, plus de nourriture supplémentaire à la ferme, il a l'avantage d'être extrêmement attaché à son colombier, ce qui rend souvent difficile le peuplement d'un colombier neuf. On est obligé, pour l'empêcher de retourner au pigeonnier où il est né, de l'enfermer dans son nouveau domicile jusqu'à ce qu'il y ait une couvée. Les soins à donner à ses petits le fixent auprès d'eux et dès lors il adopte le colombier qu'on lui offre. Cependant, on a vu des exemples d'une résistance complète au déplacement et certains pigeons volants retourner toujours et quand même à leur toit natal.

Cette particularité jointe à la rapidité de son vol, qu'il peut soutenir fort longtemps, a fait employer dès une haute antiquité cette race de pigeons au transport des dépêches. Les anciens avaient inventé bien avant nous la *Poste aux pigeons* et développé certaines variétés dans ce but spécial.

Tel est le *pigeon volant messager*, qu'on appelle souvent *pigeon voyageur*, mais qu'il ne faut pas confondre avec le véritable pigeon voyageur (*columba migratoria*) d'Amérique qui est une véritable *espèce*, bien distincte. Le pigeon messager a les ailes longues et pointues des grands rameurs de l'air, le vol très-élevé, léger et droit; ses couleurs sont, d'ailleurs, variables.

Le vol de ce pigeon est extraordinairement rapide et ne le cède qu'à celui de la Frégate, du Faucon, de l'Hirondelle, et à peine à la vitesse des locomotives. Cet oiseau parcourt, en effet, sans forcer son allure, 28 mètres par seconde ou 100 kilomètres à l'heure, ce qui est la plus grande vitesse d'une locomotive.

Les postes aux pigeons datent, nous l'avons dit, d'une haute antiquité en Orient. Elles furent établies régulièrement à Damas l'an 563 de l'Hégire (1167-68 de J.-C.), par Nour-Eddyn el Shehid Zanghi, sultan de cette ville. On les retrouve à Mossoul, puis en Égypte, après la conquête de ce pays par les sultans fatimites. Un service régulier était établi au Caire, entre l'Égypte et la Syrie. Des études approfondies avaient été faites sur les races de pigeons messagers, et des fonds spéciaux étaient affectés, sur le budget de l'État, à l'entretien des stations postales et de leur personnel, tant en hommes qu'en pigeons et en mulets [1].

On lit dans Joinville : « Les Sarrazins envoyèrent au Soudan, par *coulons messagers*, par trois fois, que le roy (saint Louis) étoit arrivé. » — Rappelons encore que le prince d'Orange employa des pigeons messagers, en 1574 et 1575, aux siéges de Harlem et de Leyde. — Pour reconnaître leurs services, le prince voulut qu'ils fussent nourris aux frais du public, et après leur mort, embaumés pour être conservés à l'Hôtel-de-ville.

Enfin, on sait que ce mode de correspondance est encore assez souvent employé, surtout en Belgique, en Hollande et dans le Nord de la France.

Pour établir une correspondance entre deux stations qui peuvent être fort éloignées, comme le Hâvre et Paris, il suffit d'avoir une volée de pigeons bien fixés à leur colombier, au Hâvre, et une autre à Paris. On transporte à Paris les pigeons du Hâvre, et réciproquement. Le jour où une nouvelle pressée doit partir de l'une de ces stations vers l'autre, on fixe la dépêche sous l'aile de chaque pigeon, multipliant ainsi les exemplaires en cas de perte des pigeons ou du télégramme, —

[1] Voir un très-curieux manuscrit arabe inédit qui existe à la bibliothèque Impériale, intitulé: Tableau géographique et politique de l'Empire des Mamelucks, par Khalil Dhahéri, visir du Sultan du Caire. Il date du milieu du quinzième siècle (Ms., n° 695).

et l'on porte la volée dans la campagne. On voit alors les pigeons, aussitôt lâchés, piquer verticalement comme autant de flèches, se rassembler dans les nuages, décrire cinq ou six grands cercles, puis, tout à coup, s'élancer tous ensemble à tire d'aile dans la direction de la station où est leur colombier.

On sait tout ce qui a été écrit pour expliquer ce merveilleux pouvoir d'orientation qui permet à certains oiseaux de trouver immédiatement la direction cherchée, et nous ne le répéterons pas ici. Nous nous bornerons à renvoyer le lecteur au bel ouvrage de Michelet, l'*Oiseau*, ou à la magnifique page que Toussenel a consacrée aux migrations des oiseaux.

Indépendamment de cette intéressant v ariété *messagère* du pigeon volant qui présente, d'ailleurs, toutes les nuances de plumage, on en connaît un grand nombre d'autres : *Pigeon volant anglais, pigeon volant huppé, à barbe blanche, blanc à queue noire, noir à queue blanche.*

C'est une excellente race de volière et de colombier mais qu'il est prudent de n'introduire dans un colombier qu'à l'état de jeunes et avant que l'instinct du retour au toit natal se soit développé avec l'usage des ailes.

Douzième race. PIGEON CULBUTANT. — Les pigeons culbutants constituent une race fort singulière par l'habitude qu'ils ont de voler très-haut, (car ce sont peut-être ceux de tous les pigeons qui ont le vol le plus élevé), et, tout à coup, dans les nuages, de se laisser choir de quelques mètres en faisant trois ou quatre culbutes à la suite, tournant sur eux mêmes comme un saltimbanque qui fait le saut périlleux. On dit que cette pratique bizarre déconcerte souvent l'oiseau de proie qui les poursuit, mais aussi elle les empêche quelquefois de le voir.

Du reste, tous leurs mouvements ont quelque chose d'irrégulier et d'illogique, et ne semblent jamais en rapport avec ce que l'animal veut faire. On pense, en les voyant, aux personnes atteintes de la *danse de Saint-Guy*. Leur vol est, d'ailleurs, très-rapide.

Cette race est très-petite, mais très-féconde, et s'accommode très-bien du colombier. Elle est caractérisée par ces mouvements bizarres qui semblent des tics nerveux, par un mince filet rouge autour des yeux; l'œil est perlé, sablé de rouge, les pieds nus et sans écailles. Quant au plumage il varie à l'infini. Les ailes repliées dépassent quelquefois le bout de la queue.

Les pigeons culbutants ressemblent donc beaucoup aux pigeons volants, mais outre leurs tics, leur taille les en distingue. Ils sont plus petits, et la variété *anglaise* est l'un des plus petits pigeons connus.

On distingue encore les *culbutants pantomimes* qui, outre leurs culbutes caractéristiques, exécutent encore des contorsions des plus grotesques. C'est une bonne variété qu'on élève beaucoup.

D'après Temminck, on les emploie pour attirer les pigeons sauvages ou échappés. Curieux de voir de plus près ces singuliers oiseaux, ils s'approchent, étonnés, et le chasseur embusqué s'en empare. Ce qui est encore un des moyens de prendre les pigeons des voisins.

Le *pigeon tournant* est un culbutant incomplet. Au lieu de la culbute, il exécute des cercles continuels, comme un oiseau qui a du plomb dans l'aile, ce qui ne laisse pas que d'être assez pénible à voir. Ces pigeons se blessent souvent en tournant dans leur colombier.

Un peu plus gros que les culbutants, ils ont l'iris noir. Féconds, mais querelleurs et jaloux. — Variétés : *Pigeon tournant frappeur, tournant batteur.*

Treizième race. PIGEON TREMBLEUR. — Très-petite race de volière au bec fin, sans filet autour des yeux dont l'iris est jaune. Ailes pendantes, queue relevée. Ces pigeons sont agités d'un tremblement continuel dans la tête et le cou, surtout au moment des amours.

Plumage et formes variés.

Quatorzième race. PIGEON QUEUE-DE-PAON. — Jolie race de volière, remarquable par sa queue étalée et dressée en forme de toit. La tête, très-rejetée en arrière, touche la queue ; aussi, le pigeon pour regarder derrière lui passe sa tête entre les deux plans de sa queue. Presque tous sont trembleurs, comme le Paon et le Dindon, d'ailleurs.

Cette disposition de la queue est très-caractéristique. De plus, le nombre des pennes peut augmenter considérablement, et de 12, qui est l'ordinaire, s'élever à 30 ou 34. Ils ont alors d'autant plus de prix pour les amateurs. Temminck, qui dit ce pigeon originaire d'Asie, hésite à le rapporter au type biset.

Très-doux, très-fécond, il s'éloigne peu parce que sa queue nuit à son vol. Variétés de toute nuance. — Petite taille.

Quinzième race. PIGEON PATTU. — Les pigeons pattus ne forment pas une race, puisque beaucoup d'autres, même dans les races distinctes que nous avons citées, présentent ce caractère d'être emplumés jusqu'aux phalanges. On ne peut donc rattacher à cette division que ceux qui ne peuvent entrer dans les autres, faute de caractères distinctifs saillants.

Ils sont doux, familiers, gourmands, en général moyens de taille ; cependant le *pattu de Norwége* est aussi gros qu'un bagadais. Il est blanc et huppé. Le petit *pattu huppé*, qui est de toutes les couleurs, est appelé aussi *pigeon de mois*, parce que, dans le midi de la France, il donne régulièrement une couvée par mois.

Le *pattu ordinaire* n'a pas de huppe, sa taille est moyenne, son plumage variable. Il est très-fécond aussi et s'accommode de toute espèce de nourriture et de logement. Il prospère et multiplie même dans une boîte.

Le *pattu du Limousin* est très-gros, très-long, très-haut sur pattes. Son plumage affecte toutes les nuances. Il est très-fécond. Malheureusement, en raison de la grandeur démesurée des plumes de ses doigts, qu'il faut couper sans cesse ; il est assez sale et maladroit, aussi jette-t-il souvent ses œufs hors du nid, accident, du reste, fréquent chez tous les pattus.

Le *pattu crapaud* a le corps trapu et la tête carrée du *polonais*.

Il y a aussi un *pattu frisé*, d'Asie, dont on fait souvent une race à part. Il est blanc avec les plumes frisées comme les poules de soie.

Le *pigeon hirondelle* nous semble une variété de pattu : Jambes courtes, emplumées, ailes très-longues, corps allongé ; tête, cou et vol blancs, montures noires, jaunes, rouges ou grises. Il y a cependant des hirondelles qui ne sont point pattus et d'autres qui sont huppés.

Seizième race. PIGEON TAMBOUR. — Les pigeons tambours sont très-pattus et le plus souvent portent la huppe ou couronne. Ils ont un roucoulement sourd et saccadé qui, de loin, rappelle le bruit du tambour. Leur vol est assez lourd, leurs pattes courtes. Ils sont féconds, mais leurs culottes les gênent, les salissent, et d'ailleurs ils ont assez peu de précautions pour leur couvée.

La variété la plus estimée est le *tambour-glouglou*, ainsi nommée de son roucoulement qui répète sans cesse ces deux syllabes. Sa tête est coquillée et couronnée ; il est non-seulement pattu, mais culotté, c'est-à-dire que ses cuisses sont recouvertes de longues plumes en culotte. Sa mue est difficile ; il donne huit à dix couvées par an.

Les variétés de couleur sont nombreuses. On appelle *pigeon de Dresde* un tambour rouge.

RACES ET VARIÉTÉS DIVERSES.

On a fait des races de variétés de pigeons qui ne se distinguent guère que par les particularités de leur plumage. Pour nous, nous ne trouvons là aucun des caractères distinctifs d'une véritable race, et ce ne sont que des variétés du pigeon domestique ou du mondain.

Fig. 3. — Pigeons cravaté, tambour, paon.

Les Pigeons heurtés ont la mandibule inférieure du bec blanche, un masque bleu, noir, rouge ou jaune, le corps blanc et la queue de la même couleur que le masque. Le *pigeon de Siam* est un heurté à masque et à queue jaunes.

Nous avons déjà signalé les Maillés, dont le plumage es recouvert de mailles ou de réticulations plus marquées que le fond. Ils sont ordinairement *grosse-gorge*.

Les Étincelés présentent des mouchetures de différentes couleurs, mais régulières. Ce sont des maillés non grosse-gorge.

Les Papillotés ont des plumes de plusieurs nuances, mêlées, chaque plume étant en entier de la même couleur.

Les Suisses sont panachés de rouge ou d'une autre couleur vive formant plastron.

Le Pigeon bouvreuil est une variété d'amateur dont les nuances brunes et rouges sont disposées comme dans le bouvreuil.

Le Pigeon frisé, dit pigeon d'Asie, n'est pas une race, mais une variété accidentelle à plumage frisé, qui peut se produire dans presque toutes les races.

Enfin, il y a un nombre presque infini de variétés, dont les unes n'ont de différent que les couleurs du plumage ou la disposition de ces couleurs ; d'ailleurs, en raison de la multitude de croisements que l'on peut effectuer entre toutes ces races, il n'est guère de caractère distinctif qui soit absolument particulier à une race ; la plupart peuvent s'ajouter à ceux d'une autre race et former des types complexes.

II

ÉTABLISSEMENT DU COLOMBIER.

On peut faire l'élevage des pigeons de trois manières : en pigeonnier, en colombier et en volière.

Le pigeonnier proprement dit n'existe plus guère en France. C'est une construction considérable destinée à loger un grand nombre de paires abandonnées à peu près à elles-mêmes, et peuplée surtout de pigeons-bisets, quoiqu'on puisse y placer de même des volants, des culbutants et autres espèces de grand vol.

Le colombier est le pigeonnier en petit. Ce sont les mêmes races qu'on y place et même aussi des mondains. Ils sont l'objet de plus de soins que les pigeons placés dans les pigeonniers de haut vol.

La volière est un colombier en plus petit encore. Bien que les volants, les culbutants et autres races analogues y soient journellement placées, c'est surtout aux mondains et aux variétés dites mignonnes que la volière est spécialement consacrée. Là, les pigeons sont tout à fait domestiques et voient l'homme s'immiscer dans tous les détails de leur existence tant pour la nourriture que pour les accouplements, les croisements, etc.

On peut même établir une seconde sorte de volière, celle dont les pigeons ne sortent jamais et qui, outre le local clos dans lequel sont placés les nids, comprend une enceinte grillagée plus ou moins vaste qui constitue tout le parcours accordé aux oiseaux. Encore plus immédiatement soumises à l'influence de l'homme, les variétés placées dans ces volières sont surtout les races dites mignonnes et les pigeons d'amateur. Cette claustration complète amène d'ailleurs une modification forcée dans le régime auquel sont soumises les espèces ainsi élevées.

En somme, et bien qu'on distingue les pigeons en races de colombier et races de volière, c'est surtout la manière de les traiter qui constitue la différence, car la plupart des races peuvent se plier à l'un comme à l'autre régime. Nous faisons cependant une réserve à propos de la volière fermée, plus spécialement destinée aux variétés tout à fait domestiques, mignonnes et races d'amateur.

Tout ce que nous avons à dire sur l'aménagement du local affecté aux pigeons s'applique donc également au pigeonnier de haut vol, au colombier et à la volière libre, sauf quelques modifications nécessitées par la réduction des proportions sur lesquelles on opère et certains cas particuliers que nous indiquerons en leur lieu.

Il est évident, d'ailleurs, qu'on est souvent obligé de se conformer à des conditions spéciales, et qu'on n'est pas toujours libre, par exemple, de choisir aussi avantageusement que possible l'emplacement consacré au colombier ou à la volière, mais on devra toujours se rapprocher autant qu'on le pourra des indications que nous donnons et qui sont consacrées par l'expérience.

Le pigeonnier, ou le colombier, doit être placé sur un terrain sec, élevé, et dominer tout ce qui l'entoure. Il doit être établi dans le voisinage de l'habitation, mais dans la partie la plus tranquille, car les pigeons vivent plutôt à côté de nous que chez nous, et, s'ils se trouvent inquiétés dans leur domicile, émigrent souvent dans un colombier plus paisible.

On préfère, pour ces constructions, la forme d'une tour ronde qui rend plus facile l'installation et la surveillance des nids, en même temps qu'elle présente un obstacle à l'invasion des rats, fouines et autres animaux malfaisants. Ceux-ci, en effet, grimpent plus difficilement le long d'une surface verticale cylindrique que sur une surface plane. Pour se garantir encore mieux de ces animaux, on a l'habitude d'établir, tout autour du mur extérieur du colombier, une corniche ou galerie de 0m,25 de saillie. Les rats n'en peuvent gravir à la renverse la face infé-

rieure. Cette corniche a, de plus, l'avantage de fournir aux pigeons une surface sur laquelle ils peuvent s'abattre avant de
rentrer ou interroger le temps avant de prendre leur vol.

Pour loger 300 paires de pigeons on devra construire un
pigeonnier de 5 mètres de largeur dans œuvre sur 7 mètres de
hauteur, avec une épaisseur de mur de 0^m,70 ou 0^m,80. Ce mur
sera bâti en moëllons ou briques, ou en charpente hourdée
avec du pisé, terre argileuse gâchée avec du foin ou de la
paille hâchée. A l'intérieur, il sera soigneusement crépi et ne
présentera ni trous, ni fissures.

Comme les pigeons n'habitent que la partie supérieure de
leur local, on pourra utiliser un rez-de-chaussée de 1^m,50 à
2 mètres de haut pour tout autre usage, par exemple, pour loger des poules, des canards ou des oies.

Le sol de ce rez-de-chaussée, s'il n'est pas constitué par le
roc même, devra être composé d'une épaisse couche de sable
fin et de charbon pilé ou de machefer, dans laquelle les rats ne
pourront pas creuser de galeries solides, le tout sera recouvert
d'un pavage serré.

Les colombiers de peu d'importance, ou les volières construites en bâtisses légères, pourront être élevées sur des piliers
en maçonnerie ou même sur de forts poteaux en bois.

Le sol du premier étage habité par les pigeons sera recouvert
d'un carrelage serré, bien joint au ciment et pénétrant dans
l'épaisseur du mur, afin que les rats ne puissent se frayer un
passage entre le mur et le carreau.

Au niveau de l'aire du premier étage s'ouvrira une porte
regardant le levant et percée au centre d'une ouverture grillagée pouvant se fermer par un volet ou une planchette glissant dans des coulisseaux. Cette porte, à laquelle on parvien-
dra par une échelle ou un escalier de pierre, servira aux soins
intérieurs du colombier, l'ouverture grillée à la ventilation qui
sera complétée par des ventouses placées à la partie supérieure,
de manière à ce que l'eau pluviale ne puisse s'y introduire.

Au quart supérieur de la hauteur de l'édifice s'ouvrira une

fenêtre exposée au levant dans les départements méridionaux et au midi, dans ceux du nord. Cette fenêtre sera vitrée et le vitrage garanti intérieurement et extérieurement par un grillage. Elle portera à sa partie inférieure plusieurs ouvertures cintrées destinées au passage des pigeons et débouchant sur une plate-forme d'où les oiseaux pourront prendre leur vol.

Ces ouvertures pourront se fermer par une planchette glissant dans des coulisses et mue par une cordelle ou une chaînette engagée sur une poulie.

La forme à donner au toit du colombier fait question. Quelques propriétaires trouvent que les pigeons dégradent la couverture par leurs promenades continuelles sur les ardoises ou les tuiles. Aussi donnent-ils au toit une inclinaison telle que ceux-ci ne peuvent s'y reposer ; mais, dans ce cas, les murs extérieurs sont garnis de galeries ou de corniches saillantes assez larges, en planches ou en maçonnerie, sur lesquelles les pigeons peuvent s'abattre et se promener. D'autres personnes, reconnaissant que les pigeons ne dégradent que les murs vieux et salpêtrés, donnent au toit une pente assez douce pour qu'ils puissent s'y poser, mais assez rapide encore pour que l'écoulement des eaux pluviales se fasse d'une manière complète et facile. Dans tous les cas, la couverture doit être solide et les ardoises bien jointes.

Les pigeons aiment, dit-on, la couleur blanche. Cela n'est pas prouvé, mais il est certainement utile qu'ils puissent reconnaître de loin leur colombier, et pour cela que les murs de celui-ci soient enduits d'une couleur blanche ou claire.

Quant à l'intérieur, il sera badigeonné, ainsi que tous les ustensiles placés dans le colombier, avec un lait de chaux, une dissolution de sulfure de chaux ou autres compositions que nous indiquerons plus tard, dans le but de détruire la vermine à laquelle les pigeons sont très-exposés et qui leur cause les torts les plus graves.

L'une des parties les plus importantes de l'aménagement intérieur du colombier et à laquelle on n'apporte pas, le plus

2.

souvent, assez de soin est la disposition des *nids* ou *bou-lins*.

On compte en général qu'il faut trois nids pour deux paires de pigeons, c'est-à-dire un tiers en plus que le nombre des paires qui habitent le colombier, à cause des pontes renouve-lées qui se succèdent souvent avant que les pigeonneaux de la précédente couvée soient assez forts pour quitter le nid. On évite ainsi que les nouveaux œufs soient déposés près des jeunes déjà grands, ce qui amènerait de graves désordres dans l'incubation, sans compter que le nid, sans cesse occupé, ne pourrait être nettoyé.

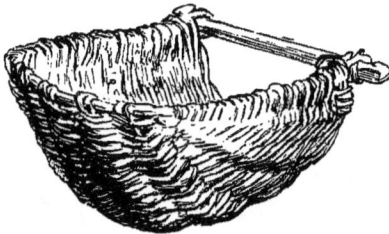

Fig. 4. — Pondoir

Les nids doivent répondre aux conditions suivantes :

Être assez grands pour que les pigeonneaux ne puissent tom-ber, assez petits pour que leurs ordures puissent être rejetées au dehors.

Être disposés de manière à ce que les couveuses puissent s'y retirer à l'abri des regards, des attaques et des ordures de leurs voisines.

Être garantis contre la visite des rats.

Être faciles à nettoyer entièrement et scrupuleusement.

On se sert souvent de nids construits en planches, et surtout en osier tressé (Fig. 4), qu'on accroche tout simplement le long des murs intérieurs. Très-favorable au point de vue de l'économie,

cette disposition est très-mauvaise sous celui de la propreté. Les
nids s'infectent facilement de vermine, et s'ils sont assez grands
pour que les petits n'en puissent tomber ils le sont assez aussi
pour que les ordures ne puissent être rejetées au dehors et
s'incrustent en couche épaisse et fétide sous les jeunes. Ceux-
ci, en effet, font bien un mouvement de recul pour pousser
leurs excréments au dehors, mais là s'arrêtent tous leurs
efforts ; si le but recherché n'est pas atteint, tant pis, il ne faut
pas leur en demander davantage, et les parents, de leur côté,
ne nettoient jamais leur nid, comme le font un grand nombre
de petits oiseaux.

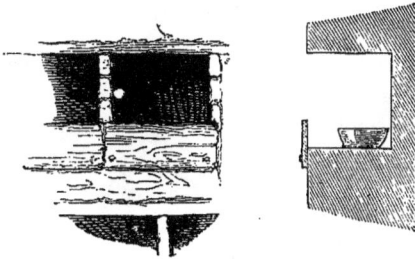

Fig. 5. — Cases en maçonnerie.

La meilleure disposition consiste pour le pigeonnier et le
colombier, à pratiquer dans l'épaisseur du mur des cases séparées par de petites cloisons en briques cimentées et offrant de
0ᵐ,35 à 0ᵐ,40 dans toutes les dimensions ; davantage même
s'il est nécessaire. Le devant de ces cases est fermé à l'aide
d'une planchette mobile fixée par des boulons, des vis ou des
crochets, haute de 0ᵐ,10 à 0ᵐ,15 (Fig. 5). C'est sur le bord de cette
planchette que perche le mâle pendant la nuit. Dans le fond de
la case, dont l'aire est garnie de menue paille ou de sable fin,
est placé un nid en forme de sébile, de 0ᵐ,04 de profondeur et
juste assez grand pour contenir deux pigeons côte à côte (Fig. 5).
Quant aux nids eux-mêmes, ces sébiles à fond très-épais pour

leur donner du poids sont construites en plâtre ou en terre
cuite non vernissée. On les trouve maintenant très-facilement
dans le commerce. Dans les campagnes on en fabrique aussi
beaucoup avec de la terre argileuse crue. Ce procédé est très-
économique et très-heureux surtout si, comme le conseille
M. Mariot-Didieux, on emploie la terre à foulons pétrie avec
de l'eau renfermant un peu d'alun et 30 grammes de poudre de
coloquinte [1]. Cette poudre laisse dans la pâte une partie de son
principe amer vénéneux pour les insectes, en même temps
que les petits fragments qui la composent s'incorporent eux-
mêmes à la matière. Pour construire ces nids on se sert d'un
moule en bois sur lequel on applique la terre ou le plâtre
délayé, on les sépare du moule lorsque la matière a pris une
consistance suffisante.

Dans les petits colombiers ou les volières, dont les murs n'ont
pas l'épaisseur suffisante pour y pratiquer des cases aussi profondes, on peut réaliser une disposition semblable par des
constructions en saillie, soit en briques soit en planches solides
et enduites d'un préservatif contre la vermine.

On place les nids par rangées circulaires autour des parois
intérieures, la première rangée étant élevée de 1^m,20 à 1^m,50
au-dessus du sol pour que les rats n'y puissent atteindre en
sautant, la dernière à 0^m,50 ou 0^m,60 du toit pour qu'elle ne
soit pas exposée au froid, et, par surcroît de précaution, on
dispose les cases en échiquier, de manière à ce que les cases de
chaque rangée correspondent à l'intervalle de deux cases dans
la rangée inférieure : on satisfait ainsi à la fois à toutes les
exigences.

Les nids sont petits, par conséquent les ordures peuvent
tomber au dehors, c'est-à-dire sur l'aire de la case garnie de
sable fin ou de balle. Si les petits tombent, c'est encore sur
l'aire de cette case, chute insignifiante et qui n'a rien de dan-

[1] On la fabrique en pulvérisant dans un mortier les fruits de la coloquinte bien desséchée.

gereux. Car s'ils tombaient sur le sol du colombier, ils seraient
tués par les pigeons. Ceux-ci, en effet, considèrent les petits
tombés du nid comme n'y pouvant remonter et condamnés à
mourir de froid, c'est pourquoi ils cessent de les nourrir à
moins que, suffisamment emplumés, les jeunes puissent
résister au refroidissement. Dans ce cas, il arrive souvent qu'ils
sont nourris sur le sol par quelque vieux ménage sans enfants.

Le nid est facile à nettoyer ainsi que l'aire de la case, grâce
à la planchette qui en forme le rebord antérieur et qui est
mobile.

Au fond de sa case, chaque famille peut s'isoler de ses voisins
et se trouve à l'abri des ordures et des chutes qui pourraient
se produire aux étages supérieurs.

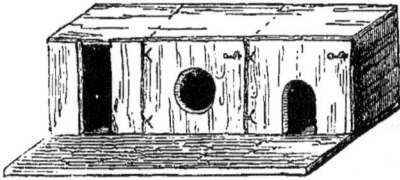

Fig 6. — Cases.

Dans un grand nombre de volières, on dispose les cases un
peu différemment. Elles sont alors construites en planches et
fermées en avant par des planchettes verticales laissant seulement à l'un des côtés ou au milieu une ouverture pour le passage des oiseaux (Fig. 6).

Enfin, il est toujours utile d'établir un certain nombre de
galeries en saillie avec des briques ou plus simplement de fortes
planches pour fournir des promenoirs aux pigeons pendant les
mauvais temps.

Comme la visite des nids est une opération qui doit se faire
assez fréquemment, il importe de la rendre facile. Dans les
petits établissements, un escabeau qu'on apporte et remporte
avec soi peut suffire, mais dans le pigeonnier très-peuplé il

en est autrement. Il est alors commode de disposer dans l'intérieur du colombier une échelle tournante autour d'un axe
vertical BD [1]. (Fig. 7.)

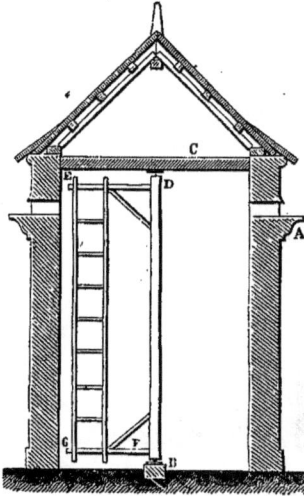

Fig. 7. — Échelle tournante.

III

HYGIÈNE.

Comme tous les oiseaux, les pigeons ont besoin de
beaucoup d'air et d'autant plus qu'ils vivent rassemblés
en grand nombre dans un espace toujours relativement res-

[1] Il faut toujours avoir soin, lorsqu'on quitte le pigeonnier de repla-
cer l'échelle dans la même position, car elle peut servir de repère aux
oiseaux pour reconnaître leur nid. Un changement dans sa position
pourrait amener quelques pigeons à se tromper de nid.

treint. Quoique les pigeons de colombier vivent plus en plein air que dans leur habitation, ils sont souvent obligés de s'y confiner pendant les mauvais temps, et les femelles, pendant les incubations successives, y restent presque toute la journée. Dans un colombier très-peuplé, il sera donc utile, à défaut de ventouses à cheminée, de pratiquer, à la partie inférieure de la construction, quelques ouvertures soigneusement grillées et qu'on pourra ouvrir ou fermer à volonté. Ces ouvertures détermineront, au besoin, un courant d'air ascendant, avec les baies supérieures qui donnent entrée aux pigeons.

Les soins de propreté sont de première nécessité. Nous avons dit combien les pigeons sont sujets à la vermine, nous devons ajouter que cette vermine leur cause le plus grand préjudice. Ils s'arrachent les plumes, maigrissent, tout en mangeant énormément, deviennent tristes, négligent leurs couvées et même abandonnent souvent leurs petits, lorsque les nids sont infectés d'insectes. C'est pour éviter ces graves inconvénients que nous avons recommandé de ne laisser dans la construction des murs et des nids, aucune fissure qui puisse donner asile à ces hôtes incommodes. Mais, de plus, au moins quatre fois par an, à la fin des mois de février, avril, août et novembre, c'est-à-dire après chaque couvée ou *volée*, il faut procéder à un nettoyage du colombier et des nids. On enlève la fiente à chaque fois, non-seulement du sol mais des nids, car il pourrait s'y développer des vers qui dévoreraient le ventre et les pattes des pigeonneaux, à la couvée suivante. La fiente ou *colombine* est une matière très-caustique ; introduite dans les yeux, elle peut causer des ophthalmies graves. On doit la recueillir avec soin parce qu'elle a une valeur notable, et la mettre loin des recherches des poules et des dindons qui avaleraient les graines incomplétement digérées et contracteraient des ulcérations de la gorge, le plus souvent mortelles.

Il faut visiter les nids beaucoup plus souvent pour surveiller les couvées, s'assurer si aucun couple ne laisse ses pigeonneaux souffrir de la faim, ou même ne les abandonne, enlever les pigeonneaux morts, constater que les rats ou les fouines ne se sont pas introduits dans le colombier et répandre sur le carrelage une litière de paille, assez épaisse pour garantir les pigeons du froid aux pattes et les jeunes de la mort, s'ils tombent du nid. Pendant l'élevage, il est utile de faire cette vérification, au moins deux fois par semaine, à une heure fixe, afin que les pigeons s'y accoutument. Quelquefois on prend l'habitude, très-bonne d'ailleurs, de frapper à la porte, avant d'entrer, pour prévenir les pigeons qui s'effarouchent moins. Il est bon, pour la même raison, que ces soins soient confiés toujours à la même personne. Les couveuses s'accoutument alors plus facilement à cette visite et finissent par n'y plus faire attention. Car il faut se rappeler que les pigeons n'aiment pas à être dérangés, et, si on les inquiète, quittent souvent leurs couvées et même le colombier, surtout certaines espèces, les bisets fuyards par exemple.

Il est inutile d'ajouter que la litière, qui constitue d'ailleurs un bon fumier, doit être fréquemment renouvelée. Si les nids sont placés dans des cases séparées dont le fond est garni de sable ou de balle d'avoine, on détachera le rebord mobile et on enlèvera les ordures avec un petit râteau ou un balai, après chaque couvée.

Enfin, lors du nettoyage de novembre, on procèdera à une visite générale et complète des murs, des galeries, des nids et de tous les accessoires du colombier. Si, dans cette opération, on découvre quelque fente suspecte, on la bouche, mais après avoir pris la précaution d'y injecter de l'eau bouillante avec une seringue, ou une poudre insecticide à l'aide d'un petit soufflet approprié, pour détruire les insectes et les œufs qui pourraient y être cachés. Après quoi, on badigeonne murailles, nids, galeries et accessoires avec un lait de chaux [1]. On choisit

---

[1] Ou même avec une dissolution de ce mélange de sulfure de calcium et d'hyposufite de chaux qu'on appelle dans le commerce *sulfure de chaux*, ou encore mieux avec du goudron de houille.

pour ce nettoyage à fond, le mois de novembre, parce qu'alors il ne reste, en général, plus de couvées.

Dans le cas où l'on trouverait un nid infecté, il ne faudrait pas hésiter à le démonter et à le passer à l'eau bouillante, et, s'il est construit avec des briques, à le démolir entièrement pour le rétablir avec des matériaux neufs.

Peu d'oiseaux aiment autant la propreté que le pigeon. Aussi, ne suffit-il pas de soigner son colombier, il faut lui fournir à lui-même, les moyens de conserver la propreté de son corps et de ses plumes. Il aime l'eau, l'eau limpide, courante si c'est possible ; on doit donc avoir soin de tenir à sa portée non-seulement un abreuvoir [1], mais une rigole, ou un bassin peu profond, en pente douce et plein d'eau propre. C'est là que chaque jour, en hiver comme en été, on verra les bandes de pigeons s'abattre pour aller boire et se baigner.

———————

IV

NOURRITURE.

La question de la nourriture est des plus importantes. Les pigeons peuvent trouver au-dehors une grande partie de leur subsistance et, quoi qu'on en dise ce n'est pas en général, aux dépens de nos cultures. C'est donc seulement un complément qu'ils doivent recevoir de la main de l'éleveur, au moins pendant la saison où ils peuvent trouver aux champs des graines mûres.

---

[1] On trouve partout dans le commerce des abreuvoirs ou *pompes* en faïence ou en terre, qui débitent l'eau au fur et à mesure qu'elle s'épuise dans l'augette, pourvu que le réservoir ne soit pas vide.

C'est ainsi que, depuis le mois de mars jusqu'à la fin de novembre, on a l'habitude de ne donner aucune provende aux
bisets fuyards, même aux pigeons volants, culbutants ou tour-
nants. Cependant, il n'y a là rien d'absolu et certains éleveurs
leur donnent du grain ou des pâtées en toute saison, se bornant à diminuer notablement la ration pendant l'été et l'automne. Il est évident, par exemple, que par les grands froids,
alors qu'on garde souvent le pigeon au colombier, dans les
jours de neige où ils ne pourraient trouver leur nourriture sur
le sol, dans les temps de pluies continuelles ou d'orage que ces
oiseaux craignent beaucoup, il faut leur donner à manger, car
ils aimeraient mieux jeûner que de sortir, et dépériraient, ou
bien pourraient bien émigrer dans un colombier où l'on
mange.

On peut mettre leur grain dans une mangeoire ou *trémie*,
sorte de boîte en bois que tout le monde connaît, formée d'une
véritable trémie qu'on remplit de graine et qui communique
avec une espèce de râtelier couvert, mais percé de trous par
lesquels les pigeons peuvent manger. La graine qui remplit la
trémie coule au fur et à mesure des besoins dans le râtelier.
Cette mangeoire, dont on doit surveiller la marche et l'état,
peut être placée dans le colombier pendant les grands froids et
les jours où les pigeons ne peuvent sortir. Mais, en général, il
est préférable de la mettre au-dehors sous un abri. Elle ne doit
pas renfermer trop de grain parce que les oiseaux le gaspille-
raient, et, de plus, trouvant là une nourriture complète, sura-
bondante même, ils deviendraient paresseux, ne chercheraient
plus au-dehors, et ne sortiraient que pour prendre l'air, se promener et faire leur digestion. Le mieux est de donner chaque
jour la provision pour la journée, et de veiller à la qualité du
grain qui ne doit pas être avarié ; les pigeons le refuseraient et
comme on le retrouverait toujours dans la trémie, on croirait
ceux-ci repus lorsqu'au contraire ils souffriraient de la faim.

Il nous semble préférable, dans la majorité des cas, de distribuer la ration sur une aire battue et propre, devant le colom-

bier, deux fois par jour, le matin et le soir, ou trois fois, si les
couvées sont nombreuses, d'autant plus que les pigeonneaux,
pour engraisser, ont besoin de manger plus de deux fois par
jour [1]. On pourra ainsi distribuer la quantité voulue et propor-
tionnée au nombre de paires à nourrir. Il y a avantage à ne
pas faire la distribution à des heures absolument fixes, parce
que les pigeons étrangers, bientôt au courant des habitudes du
voisinage, et surtout des heures de repas, ne manqueraient pas
de venir partager la pitance, ce qui finirait par devenir coûteux. En variant un peu les heures, appelant les pigeons par
un sifflement spécial et convenu avec eux, sifflement que les
couveuses entendront et comprendront très-bien sur leurs nids,
tout sera pour le mieux.

Certaines personnes recommandent de ne pas faire de distribution à midi, parce qu'à cette heure les pigeons, qui font leur
sieste un peu partout, pourraient ne pas répondre tous à l'appel
et les moins éveillés seraient exposés à voir leur part prise par
les autres. Les heures les plus convenables pour la distribution
sont le matin de sept à huit heures et le soir de trois à quatre.

Ce régime convient principalement aux pigeons mondains
ou autres qui cherchent moins au-dehors que les fuyards et les
volants.

On estime en général qu'une paire de pigeons consomme
annuellement dans le colombier, tant pour lui que pour ses
couvées, 40 litres de grain, mais on peut restreindre cette quantité à l'aide de certaines pâtées dont nous parlerons tout à
l'heure.

Quant à la nature des aliments agréables aux pigeons elle
est extrêmement variée. On aura donc le choix suivant les
localités, la saison et les circonstances particulières où l'on
sera placé.

Toutes les céréales : blé, seigle, orge, maïs, sarrasin, etc. Ils

1 Cependant, il est prouvé que certains pigeons ne vont que deux fois
à la recherche de leur nourriture, —à 8 heures du matin et de 3 à 4 heures
du soir, — et qu'ils règlent de même leurs petits.

mangent l'avoine, mais cette graine pointue perce quelquefois
le jabot des pigeonneaux.

Toutes les graines oléagineuses : chènevis, navette, mou-
tarde, colza, etc. Le chènevis est un de leurs régals.

Toutes les graines légumineuses : pois, féveroles, vesces,
lentilles, etc. La vesce est leur aliment le plus ordinaire.

Il faut que toutes les graines, notamment les dernières,
soient mûres, plutôt germées que trop nouvelles.

Les pepins de raisin ; on les obtient dans les pays vignobles
en faisant sécher au four ou au soleil les marcs qui sortent du
pressoir et en les battant, les criblant et les vannant. Cette
nourriture qui, dit-on, ranime les forces des pigeons, en tous
cas ne les empêche pas de pondre, comme on l'a prétendu jadis.
Les pepins de pomme et de groseille, après la fabrication du
cidre ou des confitures, leur conviennent de même.

Les criblures de toutes les graines, et des graines fourragères.

Les betteraves cuites et les pommes de terre crues ou surtout cuites. On peut ainsi leur faire des pâtées de pommes de
terre écrasées ou de farines et de recoupes, qui leur sont particulièrement agréables si on y mêle des herbes cuites ou crues,
comme orties, salades, foin vert, etc., et surtout si on y ajoute
un peu de sel. Quelques personnes leur donnent aussi la
viande des animaux morts, cuite et légèrement séchée.

On doit encore faire attention aux indications suivantes :

L'avoine échauffe les pigeons.

Le blé les relâche.

Le chènevis les échauffe et les excite à l'accouplement ; il
sera donc utile d'en donner quelques grammes par jour et par
tête, vers les mois de janvier et de février, notamment aux
pigeons dits de volière, c'est-à-dire ceux qu'on nourrit entièrement toute l'année et qui doivent payer cette nourriture par un
redoublement de fécondité.

La pâtée les échauffe moins que le grain ; la pâtée aux herbes
les rafraîchit. Elle sera donc utile dans le temps de la mue,
à la fin de l'été (août et septembre).

Les légumineuses communes, vesces, pois sauvages, issues de pois et de lentilles cultivées, féveroles, sont leurs aliments ordinaires préférés et préférables.

La nourriture doit être variée ; c'est ainsi que pendant un mois, une quinzaine ou une semaine, on pourra leur donner une graine pour en adopter une autre pendant une semblable période, et ainsi de suite, ou bien faire, une fois pour toutes, un mélange qu'on distribuera tous les jours.

A certaines époques, principalement celle de la mue, il sera utile d'employer la pâtée, mais jamais seule ; à la dose de $\frac{1}{20}$ à $\frac{1}{5}$ du poids du grain, suivant le nombre des couvées, la difficulté des mues, l'état général de relâchement ou d'échauffement. Ainsi, pour 100 paires de pigeons et leurs couvées, on pourra donner par jour 5 kilogrammes de grain, et de 50 grammes à 1 kilogr. de pâtée.

Enfin, si l'on veut tenir compte des préférences des pigeons en fait de nourriture, on pourra noter qu'ils préfèrent les graines rondes aux graines longues. Parmi les premières, d'abord le chènevis et les semences de crucifères oléagineuses (colza, navette, etc.). En second lieu, les légumineuses (pois, vesces, féveroles, lentilles, etc.). Enfin, le maïs, le sarrasin et les autres céréales ; en dernier lieu, l'orge et l'avoine. — Il est vraisemblable que cette préférence pour les graines rondes tient à ce que la déglutition en est plus facile pour les pigeons qui avalent sans broyer.

Les pigeons aiment le sel jusqu'à la passion. Ceux des pays proches de la mer vont quelquefois tous les jours chercher à plusieurs lieues, sur les plages, leur ration d'eau salée, et en font souvent abus, car le sel pris en trop grande quantité les échauffe considérablement et les fait maigrir. Des amateurs peu délicats se sont souvent servis du sel pour attirer et retenir chez eux les pigeons du voisin. On a l'habitude maintenant pour fournir à ces oiseaux ce condiment qu'ils aiment tant, de suspendre dans leur domicile des morues sèches ou merluches, qu'ils déchiquètent à coup de bec, et dont ils ne laissent que l'arête. C'est cet amour des matières salines qui pousse les pigeons à dégrader les murs salpêtrés. Aussi doit-on s'empresser de réparer les constructions que l'on voit se recouvrir de ces efflorescences nitreuses, car les pigeons les auraient bientôt ruinées.

Quant aux fumigations de plantes aromatiques que certains éleveurs ont l'habitude de faire dans le colombier, sous prétexte que les pigeons *aiment les bonnes odeurs*, elles sont absolument inutiles. Nous reconnaîtrons seulement quelque valeur à cette opération lorsqu'elle consiste à promener dans le colombier des bouchons de paille enflammée, alors qu'il n'y a pas de couvées, et que les pigeons y sont confinés depuis quelque temps ; elle active le renouvellement de l'air quand la ventilation ne se fait pas bien. Mais, dans tous les cas, une bonne aération et la propreté sont les conditions les plus agréables aux pigeons.

Les tourteaux de terre et de vesces, parfumés au cumin, à l'anis, à la coriandre ou autres graines aromatiques, qu'on donne souvent aux pigeons, ne nous semblent pas très-utiles, et pourraient même leur être nuisibles si on en abusait, principalement en raison de la terre qu'ils contiennent. Car, si l'on trouve des matières terreuses dans l'estomac de tous les pigeons, ces matières sont surtout des grains de sable ingérés, sans doute, pour opérer une trituration intérieure des graines dures avalées, comme nous l'avons dit, toutes rondes. Ou bien ce sont des concrétions calcaires destinées à fournir à l'oiseau la chaux qui formera avec les phosphates alcalins des graines, le phosphate de chaux indispensable, — et en grande quantité, — à la santé du pigeon. Ou bien, enfin, ce sont des matières qui servaient de noyaux à des concrétions salines.

Néanmoins, on se sert souvent de ces tourteaux désignés sous le nom de *pain de pigeonnier* par Olivier de Serres. C'est qu'en effet ils forment une sorte de gangue dans laquelle on incorpore certaines matières agréables aux pigeons et capables de les retenir, par gourmandise, dans des pigeonniers auxquels 'ls ne sont pas habitués.

On les prépare en pétrissant de la terre avec une .eau qui a bouilli longtemps sur de la viande, et en est devenue fortement gélatineuse. On préférait autrefois la viande de chèvre à cause de son odeur prononcée. On mêle à la pâte du sel, des vésces, des graines de cumin, du chénevis et du blé. Puis on en façonne des petits cônes qu'on met durcir au soleil et qu'on place dans le pigeonnier.

Parmentier indique la composition suivante : 5 kilogr. de vesce moulue, 1 kilogr. de graine de cumin incorporés à de la terre franche bien pétrie et mouillée avec une eau contenant 1 kilogr. de sel gris. Le mélange est séché au soleil sous forme de cônes et donné aux pigeons, en hiver, pendant les grandes pluies ou pendant les couvées.

V

MALADIES.

Les pigeons malgré leur rusticité et les soins qu'on leur donne, sont, comme tous les êtres vivants, quelquefois malades. Vouloir les guérir est, malheureusement, le plus souvent inutile, il faut l'avouer. Dans la grande majorité des cas, le meilleur remède et le plus général est la chaleur, augmentée encore, au besoin, par quelques gouttes de vin chaud. On ranime ainsi l'activité digestive quelquefois arrêtée par un refroidissement, lorsque le jabot est rempli de grains qui, absorbés très-secs, se gonflent outre mesure, et menacent l'oiseau d'asphyxie.

La *mue* est une maladie que subissent tous les oiseaux.

Il y a deux sortes de mue, — celle du pigeonneau qui prend pour la première fois son plumage définitif ; elle se fait peu à peu, et en général assez facilement. — Celle du pigeon qui, chaque année, d'août en octobre, renouvelle son plumage.

Cette opération dure environ un mois pour chaque oiseau. Les espèces libres du pigeonnier l'accomplissent sans peine, et l'on ne s'aperçoit que rarement qu'ils aient à en souffrir, mais il en est tout autrement chez les espèces confinées. C'est alors une véritable maladie qu'on a justement comparée au travail de la dentition chez les enfants. C'est à cette époque, surtout, qu'on trouve souvent des œufs clairs, que les femelles poussent quelquefois l'indifférence pour le mâle jusqu'au découplement. L'oiseau, paresseux, hérissé, ne sort sa tête de dessous l'aile que pour becqueter ses plumes avec impatience ; sa langue est jaunâtre et visqueuse, son œil terne ; on voit souvent qu'il respire péniblement. On peut perdre quelques individus pendant cette crise.

Dans le colombier, on se borne à enfermer les pigeons pendant les jours de pluie ou de froid, et, en général, on ouvre la porte un peu plus tard pendant l'époque de la mue.

Dans la volière, et nous parlons surtout de la volière fermée, on doit donner une nourriture tonique, composée de vesces, lentilles, lupin, fénu-grec, chènevis, etc., des pâtées salées aromatisées avec quelques graines de cumin, fenouil, anis, etc. Enfin, on donne pour boisson de l'eau un peu salée. On conseille aussi l'eau soufrée.

L'*avalure* est une hernie de l'oviducte avec catarrhe. Elle est incurable, mais n'altère pas, en général, la santé de l'oiseau. Elle ne paraît même pas porter une grave atteinte à sa fécondité.

La *pourriture du jabot* est la maladie qui se développe dans l'estomac des pigeons privés de leurs petits, peu de temps après l'éclosion. Le liquide laiteux sécrété par la muqueuse stomacale, ne trouvant pas à s'utiliser, détermine un engorgement des follicules sécréteurs, qui va quelquefois jusqu'à la suppuration et la mort.

Le meilleur remède, lorsqu'il en est temps encore, consiste à donner aux malades d'autres nourrissons. Mais souvent la maladie ne revêt pas une forme aussi grave, et semble n'être qu'une *indigestion* causée par l'altération de la membrane de l'estomac. On peut alors la traiter comme telle, par la chaleur, les excitants, une boisson salée ou, au besoin, avec 20 centigrammes d'aloès dissous dans un peu d'eau-de-vie. Enfin, on séquestre l'animal pour le nourrir pendant quelques jours avec de l'orge cuite et de l'eau tenant un peu de salpêtre en dissolution.

Quelquefois, dans la *pourriture du jabot*, la suppuration, au lieu de s'établir dans l'estomac, revêt la forme d'abcès qui apparaissent surtout sous les ailes. On dit alors que le pigeon est *ladre*. On le guérit en perçant les abcès et lavant les plaies à l'alcool camphré.

La *diarrhée* revêt plusieurs formes, et sa gravité est très-différente. Souvent elle ne provient que d'un régime trop rafraîchissant, on la guérit facilement en changeant ce régime. Souvent aussi elle est causée par l'usage de graines avariées ou moisies. On y remédie avec de l'orge cuite, des pâtées adoucissantes de pommes de terre mêlées de feuilles de bette.

Quelquefois, la persistance des temps humides et la récolte que font les pigeons, dans les champs, de graines germées sur le sol, amènent des diarrhées épizootiques auxquelles on remédie en ne donnant aux oiseaux que quelques heures de liberté, dans la soirée, et les soumettant à un régime fortifiant, chenevis, vesce, colza, etc., eau salée.

La *diarrhée vermineuse* est une maladie commune, grave, promptement mortelle même, et qui revêt le plus souvent la forme épizootique.

, Cette maladie, comme toutes celles qui proviennent du développement de vers dans l'économie, se produit chez des oiseaux en proie à la cachexie lymphatique due au manque d'air pur et de lumière, à une atmosphère chaude et **humide**, à un régime uniforme et débilitant, tel que celui des pâtées de pommes de terre ou de betteraves exclusivement employées.

On la reconnaît à la physionomie du pigeon qu'on voit mou, languissant, sans appétit, les plumes ternes, hérissées, les ailes et la queue traînantes, salies, les pennes cassées par le bout ; la maigreur devient extrême et la diarrhée résiste au changement de régime.

A l'autopsie, on trouve le tube intestinal très-enflammé, rempli, ainsi que les voies aériennes, d'une mucosité qui renferme une myriade de petits vers [1].

Pour guérir cette affection on peut faire usage des biscuits vermifuges qu'on donne aux enfants. Les pigeons en sont très-friands, et deux jours de ce régime suffisent pour tuer les vers. On peut encore leur donner des vesces macérées pendant quelques heures dans une décoction refroidie d'absinthe.

Les pigeons sont aussi sujets à des *aphthes* ou à des ulcérations du bec qui envahissent quelquefois les bronches, l'œsophage, la trachée-artère.

Cette maladie, qui apparaît surtout pendant les grandes chaleurs, semble due à l'usage d'eau échauffée, corrompue, ou bien au manque d'eau, privation après laquelle les pigeons boivent immodérément.

L'oiseau est abattu, sa tête est chaude, son bec ouvert, sa respiration difficile et sibilante, si la maladie envahit les voies aériennes. On voit souvent les ulcérations à la commissure du bec qui laisse écouler une mucosité visqueuse.

Il faut, dans ce cas, se hâter de séquestrer le pigeon affecté, car la maladie est contagieuse, et soumettre les autres à un régime préservatif. Pour cela on leur donne pour unique boisson, de l'eau fraîche acidulée avec 4 grammes de sulfate de fer par litre. On ne devra pas s'étonner de voir alors aux pigeons, la langue et le bec jaunes ; cette coloration est due à l'oxyde de fer.

---

[1] Helminthes du genre *Crinon*.

Quant au malade, on·lui badigeonne deux ou trois fois par jour les parties affectées avec un oxymel composé de deux parties de miel blanc pour une de vinaigre. — On donne en même temps pour nourriture des pâtées acidulées avec de l'oseille cuite, et pour boisson, de l'eau sulfatée.

Souvent la maladie ne revêt pas la forme ulcéreuse, mais reste à l'état d'inflammation sèche. Elle n'est point contagieuse, dans ce cas. On la guérit avec les pâtées à l'oseille et au lait, l'eau miellée pour boisson. Quelquefois il est nécessaire de pratiquer une saignée sous l'aile.

L'*apoplexie* est quelquefois foudroyante ; souvent aussi elle est partielle et n'affecte qu'un côté du cerveau, déterminant ce qu'on appelle vulgairement *torticolis*, à cause de la torsion du cou qui en résulte. Si l'oiseau n'est pas mort, il faut se hâter de pratiquer une saignée sous l'aile ; l'amputation d'un doigt du pied ne détermine pas une évacuation sanguine assez abondante, ni assez rapide. On aidera l'effet par des lotions froides sur la tête, et des bains de pied chauds jusqu'à mi-jambe.

Cette maladie est due à un régime trop excitant, à des chaleurs trop prolongées ou à des excès amoureux.

L'*épilepsie* ne se montre guère que chez les oiseaux vermineux. Il faut détruire les vers comme nous l'avons indiqué, et les symptômes convulsifs disparaissent.

L'*hectisie* ou *consomption* est une maladie commune à tous les oiseaux captifs. Ils dépérissent à vue d'œil, tout en mangeant sans cesse, et deviennent tellement maigres, qu'après la mort, la putréfaction ne trouve même plus où s'établir. Nous pensons que cette maladie, en général incurable, est due à une tuberculisation pulmonaire, mais quelquefois elle n'a pas d'autre cause que la vermine, non plus les helminthes, mais les poux.

La *vermine* est en effet le fléau des oiseaux, aussi bien des poules, des oiseaux de faisanderie, des passereaux de volière, que des pigeons.

Chez ceux-ci ce sont d'abord les puces qui s'établissent souvent dans les colombiers et les volières mal soignés. Puis le *pou*, et surtout l'*acarus necator*, l'acare assassin, infime arachnide cousin de celui de la gale humaine, et à qui les éleveurs doivent la plupart de leurs insuccès.

Les soins d'hygiène et de propreté que nous avons décrits doivent en empêcher le développement, mais quand on remarque sa présence soit sur les ustensiles de la basse-cour, ou du colombier, soit sur les murs, il faut se hâter de le détruire.

Pour cela, tous les objets envahis doivent être passés à l'eau bouillante (non point tiède, qui fait, au contraire, éclore les œufs sans tuer les animalcules), puis, le tout doit être badigeonné, soit avec un lait de chaux, soit avec une dissolution de sulfure de chaux, soit encore avec un lait de chaux auquel on ajoute 20 grammes de poudre de coloquinte, par litre. Mais le meilleur insecticide nous a toujours paru être le goudron de houille.

On peut noter que les ustensiles en bois de sapin sont moins attaqués de la vermine que ceux en peuplier, chêne, charme ou autres essences, à cause de l'odeur résineuse que ce bois conserve.

VI

CONDUITE DU COLOMBIER.

Les premiers soins à prendre lorsqu'on installe un colombier sont relatifs au *peuplement* et au choix des espèces.

Le choix des espèces dépend du goût de l'éleveur et du résultat qu'il veut obtenir.

Nous avons déjà dit que les petites espèces ou les très-grosses sont, en général, moins fécondes que les moyennes; mais qu'en revanche les petites espèces, excepté les races de luxe et de volière, demandent moins de soins et de nourriture. Les bisets fuyards sont les moins coûteux à nourrir; les pigeons volants et les culbutants, ainsi que leurs variétés, ne sont pas beaucoup plus exigeants.

Ce sont surtout ces races qui n'exigent aucune nourriture pendant la belle saison.

Les mondains ordinaires peuvent être amenés au même degré de rusticité.

Les bisets font deux ou trois pontes par an dans le Nord et le centre de la France, ordinairement quatre dans le Midi. Ils peuvent s'accoupler à l'âge de 4 ou 5 mois, ainsi que la plupart des petites espèces, tandis que les grosses ne s'accouplent qu'à 5 ou 6 mois.

Les races plus domestiques, comme les boulans, les cravatés, les nonnains, les paons, etc., qui ont moins l'habitude de rechercher leur nourriture au dehors, constituent, en général, ce qu'on appelle des pigeons de volière, il leur faut dans ce cas, une ou deux distributions à peu près dans toutes les saisons; en revanche ils font annuellement 5, 6 ou 7 pontes et plus. Mais, si on les met à la portion congrue ils peuvent presque tous passer à l'état de pigeons de colombier proprement dits, cherchant leur vie eux-mêmes, mais leur fécondité descend au niveau de celle des espèces spéciales de colombier. Ils sont seulement moins robustes et beaucoup plus incommodes, à cause de leur familiarité et de l'audace avec laquelle ils mettent tout au pillage.

C'est au printemps, en général, qu'on procède au peuplement du colombier.

Pour cela, lorsqu'on est fixé sur les espèces, on choisit des pigeonneaux du printemps précédent, plutôt que de l'été et de l'automne, afin qu'ils soient plus robustes. On recherche des individus au plumage fourni et brillant, aux pattes rouges et fraîches, à l'œil vif. Ils doivent replier fortement leurs ailes aussitôt qu'on les déploie. Quelques personnes préfèrent les pigeons à la robe sombre parce qu'ils échappent mieux aux regards des oiseaux de proie.

Il s'agit d'abord d'attacher les oiseaux à leur nouveau domicile et de les empêcher de s'en retourner chacun au colombier natal, ce qui demande souvent de grandes précautions, notamment pour les pigeons volants et surtout pour la variété spécialement messagère.

Pour cela, le meilleur moyen est d'enfermer les couples dans le colombier jusqu'à ce qu'ils aient des œufs. Alors, on ouvre la porte en choisissant un jour sombre et nébuleux qui n'engage pas trop les pigeons à la promenade. On dépose tous les soirs, dans le colombier, avant le coucher du soleil, des grains de choix, chènevis, sarrasin, etc., jusqu'à ce que les petits soient éclos. On se borne alors à placer du grain de temps en temps aux alentours du colombier. Mais il ne faut jamais cesser d'en distribuer avant l'époque où les pigeons pourront trouver amplement au dehors de quoi se nourrir eux et leurs petits.

Souvent aussi on a recours à de très-jeunes pigeonneaux de la première ponte (mars) et avant qu'ils mangent seuls. On les nourrit en les abecquant avec des graines et de l'eau ou une pâtée claire de farine qu'on leur ingurgite en leur ouvrant le bec de force. On peut leur donner pour compagnons de petits poulets qui leur font voir comment ils doivent s'y prendre pour manger seuls. Il est inutile de les enfermer, parce qu'ils ne volent pas encore ; bientôt cependant ils mangent sans aide et essayent leurs ailes, mais reviennent toujours manger au colombier. Lorsqu'ils ont des œufs, on place la nourriture tantôt au dedans, tantôt au dehors, et bientôt au dehors seulement.

Il est inutile d'ajouter qu'il faut autant que possible avoir des couples complets et qu'en aucun cas, on ne doit laisser de mâle solitaire, car il troublerait tous les ménages. Il y a bien moins d'inconvénient à avoir quelques femelles isolées, car elles seront fécondées par les mâles en fredaines et pourront encore, quoiqu'avec assez de peine, élever toutes seules leurs petits.

C'est le mâle qui choisit le nid; il s'y blottit en poussant un petit cri, puis il sort, va chercher sa femelle, l'attire, la stimule, revient au nid, et continue ses petites manœuvres engageantes jusqu'à ce que celle-ci, décidée, entre dans le boulin et moins tendre dans ses façons, l'en chasse du bec et de l'aile.

C'est alors qu'il va chercher quelques brins de grosse paille, qui sont censés devoir tapisser le nid. La femelle, comme dit Toussenel, fait semblant de les disposer avec art.

La ponte commence un ou deux jours après et dure deux jours, la femelle ne gardant complétement le nid que lorsque ses deux œufs sont pondus. Il y a ordinairement un accouplement avant la ponte du second œuf, sans quoi celui-ci est clair. Ces œufs sont blancs et donnent *le plus souvent* naissance à un mâle et à une femelle destinés à former plus tard un nouveau couple. Les petits naissent très-débiles et n'ont point les yeux ouverts comme les gallinacés.

Quelquefois il n'y a qu'un seul œuf et si certains couples prennent l'habitude de ne donner qu'un œuf par ponte, il faut les réformer.

L'incubation dure de 17 à 18 jours en été, de 19 à 20 en hiver. Elle est faite par le mâle et la femelle qui se relayent dans ces importantes fonctions, cette dernière couvant depuis quatre heures du soir jusqu'à dix ou onze heures du matin. Le mâle, qui est allé faire sa tournée et chercher sa nourriture, vient alors la relever et elle va à son tour vaquer à ses affaires et besoins personnels. Si l'un des deux conjoints s'attarde aux champs et se fait attendre au domicile commun, l'autre va le chercher, et au besoin le ramène à coups d'ailes et à coups de bec. Le mâle nous a toujours paru plein d'assiduité auprès des œufs, et la femelle est souvent obligée de réclamer violemment ses droits et sa place au nid. C'est le mâle qui se charge presque seul de nourrir les jeunes, ce qui facilite bientôt à la femelle une seconde ponte.

Lorsqu'il s'agit de bisets fuyards, il y a peu de soins à donner aux couvées. L'état demi-sauvage dans lequel vivent ces oiseaux ne permet pas qu'on s'occupe beaucoup d'eux et, en général, leurs opérations réussissent naturellement, si l'on a soin de ne pas conserver de couples trop vieux. Mais pour les pigeons plus complétement domestiques, il est utile, pour ne pas perdre de temps et ne pas nourrir trop de bêtes inutiles, de suivre la marche des couvées. Ainsi on peut *mirer* les œufs vers le sixième jour pour s'assurer qu'ils sont fécondés.

On pourra ainsi, en enlevant les *œufs clairs*, diminuer le nombre des couvées, et les femelles privées de leurs œufs se mettront immédiatement à la besogne pour en faire d'autres.

De même, en visitant les nids on pourra constater quelquefois la disparition d'un couple laissant des œufs au nid. On peut alors donner ces œufs à une couveuse dont les œufs sont clairs, ou bien à deux couveuses qui ont chacune un œuf clair. Autant que possible, il faut opérer ces substitutions dans des pontes du même jour et les cacher à la couveuse que ces manœuvres contrarient.

Les pigeons nourrissent leurs petits par abecquement, les pigeonneaux plongent leur bec dans la gorge et jusque dans le jabot de leurs parents, pour en retirer les graines qui ont déjà subi un commencement de digestion. Le père et la mère remplissent également cette fonction de nourriciers, ou bien le père tout seul, si la mère est trop occupée à une nouvelle couvée, nous devons ajouter que les pigeonneaux ne sont jamais si gras que pendant que leurs parents les nourrissent. Toutefois, il peut arriver que ceux-ci les abandonnent pour une cause ou pour une autre. On peut alors les donner à des couples dont les petits sont morts ou, si on ne trouve pas à les placer, il faut les nourrir artificiellement avec une pâtée claire de farine de maïs, de lentilles, de pois, de féveroles, ou même de blé, puis des vesces ou du maïs qu'on pourra faire gonfler quelques heures dans l'eau chaude. Les pigeons ainsi nourris artificiellement ne seront jamais de bons reproducteurs, il faut donc les consacrer à l'alimentation.

Il y a quelquefois de vieux pigeons mâles, dont les femelles ne veulent plus accepter les impuissantes caresses, qui se chargent avec ardeur de l'élevage des pigeonneaux abandonnés. Souvent même, ce soin est rempli par des couples pris de pitié pour les orphelins, ou même par des pigeonneaux plus avancés, fiers de savoir manger seuls et jaloux de faire la leçon aux petits.

Pigeonneaux pour l'alimentation. — Engraissement. On élève les pigeonneaux pour deux buts différents, les livrer à la consommation ou bien les conserver comme reproducteurs.

C'est au bout de 20 à 25 ou 30 jours qu'on déniche les pigeonneaux destinés à l'alimentation. On les laisse à leurs parents plus ou moins longtemps selon leur force ou la fin qu'on se propose. Les uns, assez gras et bien en point, sont livrés tels quels et sans autre préparation. Ils doivent alors être complétement emplumés et commencer à se tenir au bord du nid mais sans pouvoir encore voler. Mais nous engageons les éleveurs à ne les enlever à leurs parents qu'à l'âge de 30 jours, ils auront ainsi quelques jours de nourriture de plus, ce qui est une dépense insignifiante, et ne seront point encore à charge aux parents qui, la plupart du temps, ne commencent pas aussitôt une nouvelle ponte, surtout les pigeons de colombier. Ces quelques jours suffiront à donner aux élèves une force et une grosseur bien supérieures à celles des pigeonneaux de 25 jours et le prix de vente pourra s'en augmenter de 0 fr. 25 et même 0 fr. 50 pour la paire, ce qui est un quart ou un tiers en plus, résultat fort à considérer.

D'autres fois, dans le but d'obtenir des produits plus beaux et de meilleure vente, on les engraisse artificiellement, et c'est surtout dans cette partie de l'élevage des pigeons qu'il y a de notables perfectionnements à introduire, non-seulement pour augmenter le volume du sujet, mais encore pour rendre sa chair plus savoureuse.

Le pigeonneau est, en effet, un produit alimentaire fort estimable et qui mérite des soins spéciaux : « La chair des pigeons, dit Toussenel, vaut mieux en tous pays que sa réputation ; elle est succulente, sapide, favorable à l'âge mûr ainsi qu'aux travailleurs ; celle du pigeonneau surtout. L'autour et le faucon qui sont de fines bouches en font le plus grand cas ; les vrais gourmands de notre espèce aussi, qui n'auraient pas assez de vénération pour elle, si son bas prix ne la mettait à la portée de toutes les bourses. On sait d'ailleurs que le pigeon se plaît dans la société des petits pois après sa mort comme pendant sa vie, qu'il se prête à tous les caprices de l'imagination culinaire, qu'il fait bien en pâté, en daube, à la crapaudine, qu'il est la providence des ménages modestes au printemps. Est-il donc besoin de plus de titres pour mériter la reconnaissance du peuple et les égards de l'administration. »

Pour l'engraissement, on a l'habitude de dénicher les pigeonneaux un peu plus tôt, mais nous engageons encore les éleveurs à les laisser à leurs parents jusqu'à l'âge de 24 à 25 jours. Autrefois, on leur cassait les jambes pour leur ôter la possibilité de quitter le nid et obliger les parents à les nourrir plus longtemps, mais cette méthode cruelle est mauvaise : la mère est bientôt forcée de les abandonner pour s'occuper de sa nouvelle couvée, et le père qui s'épuise à les nourrir ne peut relayer sa femelle sur le second nid dont on perd souvent les œufs, ou bien il les néglige et il en résulte un double dommage.

Il vaut mieux prendre les pigeonneaux emplumés lorsqu'ils commencent à monter sur le bord du nid, et les *abecquer* ou *emboquer* avec cinquante ou cent grains de maïs bouilli dans l'eau pendant 3 ou 4 heures, ou bien avec de la vesce ou du sarrasin. On les place dans un panier garni de paille et recouvert de grosse toile, pour les tenir dans une demi obscurité ; puis, à mesure qu'on les gorge en leur ouvrant le bec avec précaution, on les dépose dans un autre panier semblable. On nettoie le premier panier avec soin, et on le laisse à l'air jusqu'au lendemain, pour que les élèves ne contractent pas le goût de fiente. On répète cette opération 3, 4 et même 5 fois par jour et au bout de 5 ou 6 jours l'engraissement est complet. Les pigeonneaux doivent, pendant tout ce temps, être maintenus à une température douce, plutòt humide que sèche, dans un lieu aéré mais un peu obscur.

On peut se servir aussi de deux casiers de bois. Les cases sont séparées par de petites rigoles ou ruelles dans lesquelles les pigeonneaux fientent à discrétion, car on ne peut se figurer leur activité digestive. Le lendemain, en les gorgeant, on les place dans le second casier et l'on nettoie le premier avec un grattoir. On les gorge, comme précédemment, plusieurs fois par jour, notamment le matin de très-bonne heure et le soir au coucher du soleil, mais il faut avoir soin de procéder avec ordre et case par case, pour n'oublier aucun nourrisson.

Nous pensons qu'il y a avantage, principalement pour la qualité de la chair, à substituer la pàtée aux graines. Ces pâtées peuvent être faites avec du pain blanc, ou de la farine de maïs et du lait, et assez épaisses pour qu'on puisse les réduire en boulettes ou *pâtons*. On peut aussi employer les farines de millet ou les graines de plantes oléagineuses, colza, choux, navettes, etc. On remplace souvent, et peut-être avec avantage, le lait par l'huile de noix ou de navette, ou bien on compose la pâtée avec une émulsion d'huile, de farine et d'eau. Pour l'injection de ces pâtées on peut se servir d'un entonnoir dont le tube est recouvert d'un petit bout de caoutchouc. On fait alors la pâtée plus claire.

A l'aide de ces pâtées on peut obtenir des produits d'une délicatesse de chair et d'un fumet exquis, en parfumant légèrement *une des pâtées* de la journée avec quelques graines d'anis, de fenouil ou de coriandre bien broyées, ou bien avec des baies de genevrier ou de jeunes feuilles de pin, ce qui donnera aux pigeonneaux un gout de venaison des plus agréables.

De tels produits sont bientôt appréciés sur les marchés et cette dépense insignifiante peut augmenter le prix de vente d'une manière considérable. On peut tenir pour assuré que partout où l'on pourra livrer à la consommation des produits remarquablement beaux et doués de qualités supérieures, on

trouvera toujours à les placer, même à des prix qui n'ont plus
rien de commun avec ceux des produits vulgaires, car ce ne
sont pas les gourmets et les fins appréciateurs qui manquent,
mais bien plutôt les éleveurs soigneux.

Les bisets-fuyards sont ceux de tous les pigeons qui s'engraissent le mieux, mais comme ils sont petits, les sujets sont
de moins d'effet pour la vente, de plus nous savons qu'ils ne
sont que médiocrement féconds.

Pigeonneaux pour la reproduction. — Croisements. Nous
avons maintenant à parler des élèves que l'on veut garder,
soit pour repeupler ou augmenter le colombier, soit pour
vendre par paires comme reproducteurs.

Il convient dans ce but, de ne conserver que les pigeons de
colombier de la première *volée* (mars) parce qu'ils auront le
temps de prendre tout leur développement avant l'hiver et seront au printemps suivant des pigeons faits et robustes. Dans
la volière, on peut conserver les jeunes de toutes les couvées
de printemps et d'été. On ne réforme que ceux des pontes d'automne (septembre).

Aussitôt qu'ils ont un mois, on les retire du nid et on les séquestre dans un local à part. A cet âge, ils doivent manger
seuls et si l'on en trouve quelques-uns plus arriérés on les
abecque pendant quelques jours, mais, instruits par les autres,
ils ont bientôt complété leur éducation.

Il est utile de les séparer des parents, parce qu'ils pourraient
se faire encore nourrir par eux et les empêcher de produire une
nouvelle couvée, ce qui arriverait infailliblement chez les pigeons de volière, qui ne laissent pas toujours 30 jours d'intervalle entre deux pontes et qui pourraient pondre dans le même
nid. Une famille aussi nombreuse, dont une moitié à couver et
l'autre à nourrir ou à instruire, serait très-fatigante pour les
parents : — Quatre enfants, c'est toujours gênant, mais surtout quand on n'a qu'un si petit nid.

Cette volière dans laquelle on placera les jeunes pigeons à
conserver, peut être construite avec des planches et quelques

grillages, mais il faut toujours qu'elle soit propre, suffisamment grande pour le nombre de couples qu'on y enferme, garnie de bâtons, perchoirs ou tablettes, munie d'une trémie et d'un abreuvoir, enfin à l'abri des invasions des rats et autres animaux destructeurs.

Si les oiseaux qu'on y place doivent contribuer au repeuplement du colombier, il est convenable qu'elle soit placée en vue de cette construction, afin que les jeunes pigeons, lorsqu'on les y replacera, la connaissent déjà, soient familiarisés avec ses alentours et habitués à la vue et aux mouvements de leurs semblables.

Au bout de deux mois, on pourra réunir les jeunes à leurs anciens, car ils commenceront déjà à manifester leur sexe, les mâles par leurs roucoulements, leurs effets de gorge et leurs courbettes, les femelles par leurs fuites, leurs refus et leurs petites façons pudiques.

Il est évident qu'on peut remplacer, suivant les exigences des lieux, une grande volière unique par plusieurs plus petites, et nous n'avons pas besoin d'ajouter qu'en dehors de la question de plumage plus ou moins élégant, il faut encore considérer dans les individus dont on veut faire des reproducteurs, la force et la bonne conformation.

Lorsqu'on procèdera ainsi, les accouplements se feront sans difficulté, mais il n'en sera pas toujours de même lorsqu'on voudra former un couple de deux individus dépareillés, surtout s'il s'agit d'apparier une très-jeune femelle avec un vieux mâle, par exemple lorsqu'on voudra produire des croisements. Il sera, dans ce cas, souvent nécessaire de séquestrer le couple à part dans une chambre, une logette, ou une caisse grillée quelconque. Souvent, ils commenceront par se battre, mais le tempérament des pigeons a des exigences impérieuses et ils finiront toujours par s'accoupler.

S'il n'y a pas trop de répulsion primitive entre les deux futurs conjoints, on pourra souvent réunir plusieurs paires dans la même volière.

Ici, se présentent deux questions importantes, celle de l'âge des pigeons et celle des croisements.

Pour la première, on sait déjà que les pigeons de colombier ne sont guère féconds que jusqu'à l'âge de 5 ou 6 ans. Il convient donc de ne pas garder d'oiseaux qui dépassent 6 ans, si l'on veut que tous produisent.

On reconnaîtra toujours avec un peu d'habitude un vieux pigeon à ses pattes qui se recouvrent d'écailles blanchâtres, à son plumage terne, à ses ongles longs et crochus, à ses yeux moins vifs, à ses paupières éraillées, à son bec aminci, effilé et crochu, mais ces oiseaux peuvent avoir 10, 12 et même 15 ans. Ce sera donc d'abord ces vieux hôtes de la maison qu'il faudra supprimer, les plus familiers, les plus amis même, et malheureusement pour eux, il n'y a guère qu'une manière de les supprimer. Elle varie des petits pois à la crapaudine, mais elle n'en. est pas moins funeste pour le pauvre oiseau.

Il restera donc à reconnaître ceux qui sans être aussi vieux ont néanmoins, comme la femme d'Abraham, passé l'âge d'avoir des enfants, et cela n'est pas toujours facile lorsqu'on a un colombier populeux dont chaque habitant n'est pas intimement et particulièrement connu du maître. On a proposé certains moyens de reconnaître toujours l'âge des pigeons, par exemple en choisissant chaque année une nuit, pendant l'époque de la réclusion, pour faire une marque sur un des ongles de chaque oiseau ; les années suivantes on retranche tous les pigeons portant quatre marques. Ou bien encore, on a indiqué de leur faire l'amputation d'un doigt du pied, opération sans gravité ; la première année on a coupé le doigt externe, la deuxième, le doigt du milieu, la troisième le doigt interne, la quatrième le pouce. De sorte que la cinquième année on supprime tous les pigeons manquant du doigt externe et ainsi de suite. Enfin, ce qui est moins cruel, on a proposé de leur introduire chaque année autour du tarse un petit anneau de cuivre portant un chiffre indicateur de l'année. Pour nous, nous renouvelons peu à peu la population au fur et à mesure que nous y trouvons des malades, des cacochymes, des dépareillés, des vagabonds, des négligents, des couples qui ne font qu'un œuf à chaque ponte, ou donnent des œufs clairs ou dont les pontes sont rares. De cette manière, on enlève souvent des pigeons jeunes mais moins productifs que d'autres plus âgés lesquels, par une raison ou une autre, ont conservé la fécondité de leur jeunesse; ce qui arrive souvent, car certains couples vigoureux, qui savent se mieux nourrir, peuvent rester très-longtemps féconds.

Quant aux croisements, on doit comprendre que nous ne pouvons donner aucune règle, ils dépendent absolument du caprice de l'éleveur ou de l'amateur. Nous en avons déjà parlé à propos de la formation des races dérivées du biset.

Ces croisements, qui se font en grand nombre, ont pour but de fixer dans une variété nouvelle les qualités diverses des parents. En général ces métis sont plus féconds, plus robustes et plus familiers que leurs auteurs. Et c'est ainsi que l'action de l'homme sur eux devient de plus en plus complète.

Quelquefois, on n'a d'autre but que d'obtenir des variétés de couleur, ou bien d'ajouter à une race un ornement, comme une huppe, une collerette, un capuchon, ou un pantalon de plumes. Et pour cela on accouple des individus ayant la robe la plus semblable à celle qu'on veut faire naître, ou bien le mâle huppé, capuchonné ou pattu à la femelle de la race qu'on veut hupper, capuchonner ou rendre pattue. Après trois ou quatre générations on obtiendra le produit désiré.

« On m'a assuré, dit Temminck, que des gens possèdent à un si haut degré ce talent de créer, pour ainsi dire, des bigarrures extraordinaires dans le plumage des pigeons, qu'il n'est guère de variété de plumage qu'ils n'obtiennent à volonté ; mais ils sont souvent obligés, pour atteindre leur but, de croiser une infinité de variétés afin d'arriver à celle désirée. »

Et il en est ainsi non-seulement des « bigarrures, » mais des formes et des ornements.

Non-seulement ces croisements sont intéressants pour l'amateur, mais ils le sont encore pour l'éleveur ; d'abord, par l'amélioration continuelle des métis, au point de vue du produit, mais aussi d'un autre côté. Parmi les pigeons de volière, les amateurs recherchent les variétés curieuses et surtout rares. Souvent telle variété, peu recommandable d'ailleurs, acquerra une valeur exagérée par le seul fait de sa rareté, car si le collectionneur aime les jolies espèces et les curieuses et les élégantes, c'est toujours le *rare* qui fait l'un des premiers, si ce n'est le premier mérite, et pour acheter une rareté il se trouvera toujours un amateur. Or, l'éleveur ne produit pas seulement des pigeonneaux pour la table, il peut aussi produire des couples vivants pour la volière d'amateur, couples qui, plus que tous autres, par le haut prix qu'ils atteignent, le payeront largement de ses frais et de son temps, ainsi que nous le prouverons dans le dernier chapitre de cette partie.

On opère quelquefois des croisements dans le but d'obtenir deux variétés à la fois. C'est ainsi qu'un mondain et un nonnain produisent des pigeons les uns nonnains, les autres mondains et d'autres présentant à la fois les caractères dégradés des deux races. On élimine ces derniers et on accouple les jeunes nonnains ensemble, ainsi que les jeunes mondains, en choisissant les individus les mieux conformés. Puis, par la sélection sur les produits de deuxième génération, on arrive à obtenir des sujets des deux races parfaitement caractérisés quoique issus primitivement d'un couple disparate.

Quant aux mauvais effets qu'on attribue aux alliances consanguines, il ne faut pas s'en préoccuper outre mesure. Rien ne prouve que les mauvais effets soient réels, surtout en fait de pigeons. La nature, en faisant naître ces oiseaux par paires destinées à former un couple, nous indique que cette consanguinité est en quelque sorte une loi, au moins dans la famille des colombiens.

VII

PRODUITS

Produits du colombier et de la volière. — Les détails
dans lesquels nous sommes entrés vont nous permettre d'établir facilement le produit que doit fournir l'élevage des pigeons
fait avec soin en colombier et en volière.

Colombier. — Un colombier destiné à 200 paires construit,
aménagé, meublé, dans les meilleures conditions possibles,
pourra dans les campagnes être élevé à assez peu de frais.
Cependant pour rester toujours dans les débours, au dessus de
la vérité, nous en porterons la dépense à 800 fr.

Si l'on veut faire le peuplement d'emblée avec 200 paires,
bisets, volants ou culbutants, on trouvera toujours facilement
les premiers, en quantités, à 2 fr. la paire et les autres à 3 fr.
en moyenne, c'est-à-dire que les 200 paires pourront toujours
être acquises pour 500 fr.

Les frais de nourriture sont beaucoup plus élevés depuis
quelques années à cause de la cherté des grains, mais comme le
prix des pigeonneaux s'est élevé à peu près dans la même
proportion, sur les marchés, l'équilibre est sensiblement rétabli.
D'ailleurs, dans les campagnes, nous avons dit que les fermiers
trouvent dans les déchets de grains, de tubercules, de racines,
etc., des ressources considérables. Quant aux graines, on peut
toujours, par des mélanges, en obtenir dont le prix maximum
est de 15 francs l'hectolitre.

40 litres de graine suffisant pour la nourriture annuelle d'une
paire et de ses couvées, les frais de nourriture s'élèveraient à
6 fr. en supposant qu'on n'ait pas la ressource des déchets,
criblures, pâtées de racines, etc.

Mais dans le colombier de haut vol on n'a guère à fournir
de nourriture complète que pendant les jours de grands froids,
les neiges, le temps de la réclusion légale, si elle est ordonnée,
ce qui représente environ le quart de l'année. Ce serait donc

1 fr. 50 par paire seulement, ou 300 fr. pour les 200 paires à porter au compte des frais de nourriture. Portons néanmoins 400 fr.

Quant aux soins qu'exige le colombier, il est évident que dans toute ˙ferme, métairie, exploitation rurale quelconque, il se trouvera toujours un garçon de ferme, d'écurie, une fille de basse cour qui pourra à ses fonctions ordinaires joindre le service très-peu fatigant du colombier. Aussi, ne devons-nous compter qu'une faible portion de ses gages comme afférente à cet emploi, par exemple . . . . 100 fr.

En résumé :   Frais :

Intérêt du capital d'Établissement (800 fr.)	40 fr.
» » de peuplement (500 fr.)	25
Nourriture	400
Supplément aux gages du garçon de ferme.	100
Frais accessoires, commissions de vente etc.	100
Total . . .	665 fr.

Avec les soins que nous avons indiqués, un colombier de 200 paires doit fournir 620 paires de pigeonneaux au moins. Sur ce chiffre, 20 paires seront conservées pour le renouvellement des couples vieillis. Dans le midi de la France, on peut compter sur 800 paires. C'est de 3 à 4 couvées par an.

600 paires vendues telles quelles, du 25e au 30e jour de leur naissance, vaudront toujours plus de 1 fr. 50 la paire sur les marchés.

Il est bon de noter que la valeur des pigeonneaux varie suivant les saisons, elle est plus élevée au printemps et en été qu'en automne et en hiver. Cette différence tient à la concurrence redoutable que leur fait le gibier dans ces dernières saisons. A l'époque des pois verts, la consommation des pigeonneaux devient énorme, surtout dans les grandes villes, ce qui amène une forte hausse. Tandis que le plus médiocre pigeon biset tout plumé et prêt à consommer se vend 1 fr. chez les marchands de volailles, pendant les mois de la chasse, il vaut

1 fr. 25 à 1 fr.   d'avril à juillet. Les grosses espèces atteignent
dans les mêmes conditions 1 fr. 50 à 2 fr. *la pièce.*

On peut obtenir ces prix exceptionnels en se livrant à l'engraissement des pigeonneaux pendant 5 jours. Les bisets s'engraissent vite et bien, mais comme les races de colombier sont
de petite taille, on ne leur applique pas, en général, les procédés
d'engraissement que nous avons indiqués, ce qui est peut-être
un tort.

Ajoutons encore que les éleveurs qui voudraient vendre leurs
produits sur le marché de Paris, marché de la Vallée, aujour-
d'hui transféré aux halles centrales, qui est le meilleur,
n'auront qu'à adresser les pigeonneaux dans les paniers plats
à claire voie, à fond plus serré garni d'un peu de paille que
tout le monde connaît, au nom d'un des facteurs du marché de
la Vallée [1], en indiquant leur nom et leur adresse sur l'envoi.
Les compagnies des chemins de fer se chargent du factage spécial et des formalités à l'octroi. Moyennant une *conduite*,
les droits sont acquittés d'avance par le facteur, qui perçoit
pour ses honoraires, frais de vente d'entrée et autres, une commission de 10 pour cent. Les droits d'octroi, à Paris, s'élèvent
à 0 fr. 34 par kilogramme de pigeonneaux. Or, comme le poids
de la paire varie de 240 à 250 grammes, l'octroi frappe chaque
paire d'une taxe de 7 centimes 1/2 à 8 centimes 1/2. Dans l'é-
valuation des prix de vente nous avons largement tenu compte
de la commission du facteur, ainsi que des frais de transport
pour un rayon de 80 kilomètres, autour de Paris. Plus loin
de ce centre, les prix de vente sont en général un peu moins
élevés, mais les frais de nourriture sont aussi beaucoup moindres.

Les 600 paires de pigeonneaux que nous pourrions, sans
exagération aucune, porter à 800, puisque dans un colombier
peuplé de Bisets, de culbutants et de volants par portions égales, on peut, nous l'affirmons par expérience, compter sur 4

---

[1] Il suffit que les envois arrivent à leur adresse la veille au soir, ou le
matin les jours de marché, qui sont lundi, mercredi, vendredi et samedi.

volées, en moyenne, ces 600 paires doivent rapporter 900 fr.
déduction faite des droits d'octroi, si la vente en est faite à
Paris.

Quant à la part de frais à la vente qui est acquise au facteur
et non plus à l'octroi, nous en avons tenu compte encore dans
le dernier article du tableau des frais, ci-dessus détaillé.

La colombine dont nous avons rappelé la valeur, est un produit qu'on néglige et qu'on perd souvent en grande partie,
à cause du peu de soins que les éleveurs apportent d'ordinaire au nettoyage du colombier. Mais dans l'exploitation que
nous recommandons, l'enlèvement de cet engrais étant fréquent, comme nous l'avons indiqué, la récolte et l'emmagasi-
nage s'en faisant avec soin, on en obtient une beaucoup plus
grande quantité.

On évaluait autrefois à 0 fr. 50 par an le produit en fiente de
deux pigeons, ce qui fournirait 100 fr. pour les 200 paires ;
mais pendant l'année, le colombier a logé en réalité non-seulement les 200 paires productrices, mais 600 paires de pigeonneaux qui, si leur vie est moins longue que celle de leurs
parents, vivent en revanche toujours dans le colombier, tandis
que les parents passent au dehors une partie de leur existence.
Nous pouvons porter à 200 fr. le produit en engrais. D'autant
plus que, dans ce temps où l'on va chercher jusqu'au Pérou des
engrais moins puissants que la colombine, les cultivateurs ne
regardent plus à faire des dépenses même considérables pour la
fumure de leurs terres. Les cultures jardinière et maraichère
notamment, pour lesquelles une des meilleures conditions de
succès est la rapidité de développement des plantes et des légumes qu'elles produisent, n'ont pas de plus actif adjuvant que cet
engrais, et la seule raison qui en rend, jusqu'à présent, l'usage
très-restreint est précisément sa rareté.

Que les maraichers et les horticulteurs trouvent de la colombine en quantités suffisantes et assez facilement pour que les
frais de transport ne soient pas par trop onéreux, ils l'emploie-
ront plus et la payeront mieux que le guano, aussi bien que

les agriculteurs. Car, d'après M. Payen, elle est plus puissante que le plus puissant guano et renferme 83 pour 1000 d'azote, tandis que le fumier de ferme n'en contient que 4. — 500 kilogrammes de colombine équivalent donc à 10,000 kilogrammes de fumier de ferme. Nous ne pouvons citer ici tous les agriculteurs célèbres qui recommandent l'emploi de la colombine, nommons cependant Olivier de Serres, qui indique même les précautions dont on doit tenir compte dans l'usage de ce produit et la petite quantité qu'il en faut répandre à la fois « pour sa chaleur, qu'il a plus grande que nul autre, dont il est rendu propre à tout usage d'agriculture, de telle sorte que *peu* profite *beaucoup* ».

Nous n'avons pas à entrer davantage dans ces détails spéciaux, mais nous pensons que les fermiers et les propriétaires de terres chez qui l'élevage des pigeons se ferait un peu en grand, auraient tout avantage à profiter les premiers de cet engrais fabriqué chez eux, quand cela ne serait que pour activer la production des légumineuses devant servir à nourrir les pigeons. D'après l'opinion d'hommes compétents, ces oiseaux peuvent ainsi donner à la récolte une plus-value suffisante à payer leur propre nourriture.

Pour nous, nous considérons comme certain que 200 paires de pigeons de colombier peuvent au bout de l'année, eux et leurs petits, produire une quantité de colombine représentant, soit qu'on la vende, soit qu'on l'utilise, une valeur de plus de 200 fr.

Néanmoins, nous la portons seulement pour 100 fr. au chapitre des produits :

Produits :

600 paires de pigeonneaux à 1 fr. 50 l'une	900 fr.
Colombine vendue ou utilisée . . .	100
Total. . .	1,000
A déduire pour frais . . .	600
Bénéfice net . .	400

Nous ferons remarquer que nous avons supposé dans cet
aperçu que tous les pigeonneaux sont livrés à la consommation,
tandis que, dans la réalité, une grande partie peut être vendue
pour la reproduction à laquelle ils seront aptes 2 ou 3 mois plus
tard. Ils seront encore meilleurs à cette fin, quoiqu'un peu trop
jeunes, que les couples de 5, 6 et 7 ans dont les marchés spéciaux sont souvent encombrés. Or, nous avons compté nos paires
achetées pour le peuplement, à 2 fr. 50 c. en moyenne, et c'est
en effet à ce prix qu'on peut les vendre, presque double de
celui qu'on leur donnera pour la consommation.

Volière. Nous avons en grande partie à répéter pour la volière
ce que nous avons dit pour le colombier.

Quoiqu'on puisse élever des volières renfermant un très-
petit nombre de paires, nous supposerons pour base de nos
évaluations une volière de 100 paires. Tous les frais sont en
général, proportionnels au nombre de paires, excepté ceux
qui incombent aux gages de la fille de basse-cour ou autre personne, chargée du gros entretien, lesquels pourront être considérablement abaissés, si la volière est peu peuplée. On pourra
donc, dans tous les cas, apprécier d'avance le produit de la
volière quelle qu'elle soit.

Bien que le local affecté à 100 pigeons puisse être plus petit
que celui où l'on veut en placer 200, comme la volière exige
des soins de construction et d'aménagement assez minutieux,
nous supposerons encore, pour les frais d'établissement premier, la somme de 800 fr., laquelle est, on le comprend, très-
exagérée.

Quant à l'achat des couples reproducteurs destinés au peuplement, il est beaucoup plus difficile de le fixer. Comme nous
avons supposé pour le colombier des races spécialement dites
de colombier, nous supposerons pour la volière aussi des races
spéciales qu'on enveloppe souvent sous le nom général de pigeons mondains.

Mais c'est ici que les prix varient dans des proportions extrêmement larges. On peut avoir des mondains communs, très-

féconds, à 3 fr. la paire. Mais aussi il est des pigeons de volière dont le prix s'élève jusqu'à 100 francs. Est-il besoin d'ajouter que ces pigeons de luxe, *d'amateur*, comme on dit, ne sont point faits pour être mangés, et que leurs pigeonneaux trouveront leur placement pour la reproduction à des chiffres qui n'ont plus rien de commun avec la valeur des variétés ordinaires.

On voit donc que la volière, même fort petite, pourra sous ce point de vue, être pour un producteur amateur, de fort grand rapport. Car, en admettant même que les jeunes de ces races de luxe se vendent moins cher que les parents, parce qu'ils deviendront de moins en moins rares, comme elles sont presque toutes très-fécondes et, qu'après tout, elles ne coûtent pas plus à nourrir que d'autres, il y aura encore de magnifiques produits.

Supposons d'abord la volière peuplée d'espèces ordinaires à 5 fr. la paire en moyenne, mondains, nonnains, cravatés, paons, volants, culbutants, etc. Ci pour les 100 paires. 500 fr.

Pour la nourriture, en supposant toujours le cas le plus défavorable et qu'on n'ait pas d'autres ressources que les graines épurées à 15 fr. l'hectolitre en moyenne, 40 litres par paire donneront . . . . 600 fr.

Les soins qu'exige la volière sont plus nombreux que ceux du colombier. Nous porterons donc à la fille de basse-cour un supplément de gages de 150 fr. Nous aurons donc :

Frais :

Intérêt du capital d'établissement (800 fr.).	40 fr.
» » de peuplement (500)	25
Nourriture	600
Gages de la fille de basse-cour (supplément)	150
Frais imprévus, commissions etc. .	100
	915

Quant aux produits, ils sont les mêmes que dans le colombier, sauf que l'on pourra compter sur un minimum de 7 couvées. On en obtient très-souvent 8, 10 et même 12, pour certaines races, en volière fermée. Le prix minimum des pigeonneaux de

volière sur les marchés est de 2 fr. la paire, il dépasse souvent
3 fr. 50. De plus on pourra livrer, pour la reproduction, des
mondains, pattus, nonnains, cravatés, tambours, culbutants,
paons qui se vendent beaucoup et fort bien. Leur prix dans ces
conditions est au moins de 6 fr. la paire. Admettons néanmoins
700 paires à 2 fr. comme produit, les couvées supplémentaires
étant réservées pour le repeuplement. Ci : . . . 1400 fr.

Les pigeons de volière restent beaucoup plus chez eux que
ceux de colombier et produisent par conséquent beaucoup
plus de colombine, d'autant qu'ils fournissent aussi beaucoup
plus de couvées. Admettons néanmoins que la colombine produite par les 800 paires, tant vieilles que jeunes, qui habitent la
volière pendant l'année ne vaille que 100 fr. Nous aurons :

Produits :

700 paires de pigeonneaux à 2 fr.	1,400 fr.	
Colombine	100	
Total . .	1,500	
A déduire pour les frais .	915	
	585 fr.	

Si l'on voulait se borner à l'élevage de quelques races d'élite
dans le but d'obtenir surtout des couples à vendre pour la reproduction, on pourrait avoir un produit proportionnellement
plus considérable, mais alors il faudrait des soins plus attentifs.

Pour 25 paires à 10 fr., en moyenne, on pourra construire
une volière qui ne coûtera pas plus de 100 fr. On aura alors :

Frais :

Intérêt du capital d'établissement et de peuplement	17 fr. 50
Nourriture à 7 fr. par paire . . .	175
Frais accessoires et entretien . . .	100
	292fr. 50

Ces pigeons fourniront certainement au moins 7 couvées, en
supposant qu'ils ne pondent pas pendant l'hiver et à l'époque

de la mue. Nous aurons donc 175 paires, lesquelles vaudront
de 5 à 10 francs comme couples reproducteurs, et vaudraient
naturellement autant que leurs parents, lesquels ont été payés
par nous 10 fr., en moyenne. Il y aura aussi, sans aucun
doute, sur ce nombre, des couples d'élite qui prendront une
valeur bien plus considérable. Ceux, au contraire, qui paraî-
traient défectueux ou trop communs, sans compter tous ceux de
la couvée de septembre qu'il faut en général réformer, pourront
être engraissés pendant 6 jours, dépense que tous les éleveurs
évaluent à 0 fr. 10 par paire, mais que nous porterons à 0 fr. 15
en raison des perfectionnements que nous avons proposés.
Ces produits hors ligne se vendront bien plus cher que les
communs sur les marchés. Nous supposerons néanmoins que
tous ces couples, tant pour la reproduction que pour la consommation, n'atteignent que le prix *moyen* de 4 francs, nous aurons pour les 175 paires 700 fr. Et en supposant 25 fr. seulement pour la colombine, nous pourrons poser le tableau suivant:

Produits:

175 paires à 5 fr.	700 fr.
Colombine	25
Total. . .	725
A déduire pour frais .	292,50
Bénéfice net .	432 fr. 50

On voit combien le produit dans cette exploitation en petit,
mais portant sur des espèces choisies, est plus fructueux. Ajoutons aussi qu'elle demande des soins plus assidus, s'ils ne sont
ni longs ni difficiles, et que l'œil du maître doit souvent les vé-
rifier.

Si l'on voulait adopter la volière fermée et y élever des
espèces d'amateur fécondes, on pourrait obtenir facilement
12 couvées par an, et, si l'on avait affaire à des variétés pré-
cieuses, on réaliserait de fort jolis bénéfices.

Nous connaissons dans Paris même, et aux environs, des

petits employés, ouvriers et même des gens aisés, qui se font chaque année un petit revenu très-net et très-facile, grâce à cette industrie commode, récréative et intéressante.

Il en est de même dans les campagnes où l'on emploie surtout cette disposition à la fois volière et colombier dans laquelle on élève indifféremment les unes et les autres races disséminées un peu partout, dans les greniers, les remises, les hangars, les recoins, ce qui dispense de constructions plus coûteuses et permet d'avoir néanmoins un nombre assez considérable de paires. C'est ainsi que dans le rayon d'approvisionnement des grandes villes surtout, de petits cultivateurs entreprennent sur une échelle assez vaste l'élevage des pigeons qui fournit, d'abord, à leur ménage une ressource importante, et leur rapporte, sans grandes peines, un produit sûr et certain d'une douzaine de cents francs, ce qui est le plus clair de leur revenu.

DEUXIÈME PARTIE

LE DINDON

1• *Le dindon.* — Le dindon qui figure aujourd'hui dans nos basses-cours est le descendant du dindon sauvage qui vit en troupes encore nombreuses dans l'Ohio, le Kentucky, l'Illinois, les Arkansas, le Tennessée, l'Alabama, le Canada, etc. Audubon nous a laissé de ses mœurs un tableau très-complet dont il est nécessaire de retracer les principaux traits, car l'histoire du dindon sauvage est encore, à très-peu de choses près, celle du dindon domestique.

La taille de cet oiseau est considérable. Sa longueur peut atteindre 1^m,30 et son envergure 2^m,60; son poids s'élève, chez le mâle, jusqu'à 10 et 12 kilogr. La femelle est plus petite et mesure au plus 1^m,20 de long avec 1^m,80 d'envergure. Son poids dépasse rarement 5 kilogr.

Tout le monde connaît la physionomie du dindon, les membranes nues, caroncules et pendeloques qui ornent sa tête et la partie supérieure de son cou, ainsi que cette caroncule extensible placée sur son bec, qui, rétractée, mesure à peine 2 ou 3 centimètres, et développée, pend, molle et flasque, d'une

longueur de 10 à 12 centimètres. Toutes ces parties s'injectent,
suivant les impressions qu'éprouve l'oiseau, de bleu indigo, de
rouge cramoisi et de blanc livide. La femelle est dépourvue
de ce développement exagéré d'appendices, mais elle porte de
petites caroncules tuberculeuses, éparses sur les mêmes parties,

Fig. 8. — Dindon domestique.

et dont la couleur passe du blanc au jaune orange et au rouge.
L'un et l'autre sexe portent sur la poitrine une touffe de poils
raides qui apparaît chez le mâle dès la seconde année et chez
la femelle après la troisième seulement. Cet appendice peut
acquérir une longueur de $0^m,33$ chez les vieux mâles et de
$0^m,12$ chez les femelles, surtout chez les femelles stériles.

On sait aussi que le mâle *fait la roue* comme le paon, re-
dressant en éventail les plumes supérieures de sa queue,
balayant le sol de ses ailes, hérissant tout son plumage, rejetant
la tête en arrière et cachant son bec sous le développement de
ses pendeloques qui s'injectent de sang. En même temps, il

Fig. 9. — Dindon faisant la roue

gonfle son jabot comme un tambour et expulse violemment,
avec de sourdes détonations, l'air de ses poumons, pendant que
tout son plumage vibre d'un frémissement sonore. Il piaffe sur
lui-même et pousse un gloussement entrecoupé qu'il interrompt
pour jeter un cri : *glou glou glou*, qu'on peut lui faire répéter
à volonté en sifflant. C'est l'amour et la colère qui mettent le

5

dindon dans cet état violent et s'il n'est pas toujours amoureux
il est presque toujours en colère. Avec l'âge, sa méchanceté
devient extrême et s'exerce même sur les animaux de son
espèce, notamment sur les jeunes. Ses coups sont d'autant plus
dangereux pour ceux-ci, comme pour les autres oiseaux de
basse-cour à qui il cherche querelle, que sa taille est grande
et qu'il frappe toujours, autant que possible, à la tête. Le mâle
seul porte des éperons, mais qui n'ont ni la force ni la longueur de ceux du coq.

Le dindon est essentiellement frugivore. Il parcourt les forêts
américaines à la recherche des fruits de ronce, des glands, des
baies de toutes sortes, même des bourgeons d'arbres rési-
neux.

Les femelles cachent leurs œufs que les mâles casseraient,
et, leurs couvées écloses, se réunissent entr'elles pour voyager,
avec leurs petits qu'elles soustraient ainsi à la colère et à la
jalousie des mâles. Ceux-ci se réunissent de leur côté, et, vers
le mois d'octobre, alors que les fruits commencent à mûrir,
des bandes d'une centaine d'individus parcourent les forêts. Ils
voyagent de préférence à pied, et leur course est assez rapide
pour qu'un cheval ou un chien ne puisse jamais les atteindre.
Ils volent néanmoins, par exemple, pour passer les fleuves, et
leur vol est très-puissant. Il leur arrive pourtant de tomber à
l'eau, mais ils se tirent très-bien d'affaire à la nage.

Ils passent ainsi l'hiver dans les forêts, mais vers le mois de
février les bandes mâles et les bandes femelles se rapprochent.
A l'appel d'une femelle les mâles accourent, piaffant et faisant
la roue; des combats acharnés s'engagent entr'eux, et les vain-
queurs foulent aux pieds les vaincus avec une rage volup-
tueuse; puis les pariades s'établissent. L'accouplement est assez
long et moins répété que chez les coqs. Les femelles de plus
de 2 ans abrègent les préliminaires, en se jetant au devant des
mâles, les ailes écartées, mais les jeunes ont besoin d'être ras-
surées et le mâle les caresse longtemps avant de les féconder.
Le même mâle coche plusieurs femelles, huit ou dix et peut fé-

conder environ 1500 œufs, mais la femelle s'attache volontiers à un mâle favori, le suit partout et couche auprès de lui jusqu'au moment de la ponte.

A cette époque, la division commence, les mâles arrivent à un état de fatigue et d'épuisement complets. Plus de gloussements, plus de roues, plus de piaffements, plus de colères ; ils se retirent dans les fourrés, exténués, maigres, rongés de vermine, et ne reprennent leurs voyages que quand un long repos leur a rendu une partie de leur vigueur.

Les femelles vont pondre de leur côté. Elles creusent un nid peu profond dans lequel elles déposent de 15 à 20 œufs blancs pointillés de roux. Elles deviennent ingénieuses pour cacher leur nid qu'elles recouvrent de feuilles sèches lorsqu'elles le quittent. Parfois, elles s'associent pour couver en commun, deux ou trois ensemble. Au bout de 30 jours, les petits éclosent, et les mères les emmènent à la recherche des fruits. A 15 jours, ils peuvent percher sur les basses branches ; à deux mois, ils *prennent le rouge* de leurs caroncules, mais ils ne sont adultes qu'à 3 ans, bien que leur croissance continue encore pendant plusieurs années. Ils sont bons à manger depuis l'âge de 4 mois.

En Amérique, les dindons sauvages pressés par la faim vont souvent dans les fermes voler le grain des volailles et cocher par occasion les dindes domestiques, ce qui est une bonne fortune pour le fermier, en raison de la beauté et de la force des dindonneaux qui résultent de ces fécondations.

Aussi, depuis plusieurs années, cultive-t-on en Europe le dindon sauvage, bel oiseau au plumage brun foncé à reflets métalliques du plus grand éclat. Très-robuste, cette espèce type trouve seule la majeure partie de sa subsistance, si elle a assez de parcours. De plus, elle est douée d'une résistance extrême à l'abstinence et peut rester 3 ou 4 jours sans manger. On la nourrit d'ailleurs comme les races de basse-cour auxquelles elle s'unit très-bien.

Tout ce que nous disons sur le dindon commun s'applique

donc au dindon sauvage et nous n'aurons pas de distinctions
particulières à faire à ce sujet.

Du reste, la domesticité n'a fourni pour ainsi dire que des
variétés de plumage, mais tous les caractères essentiels du type
se sont conservés. En dehors de cette espèce, on n'en connaît,
d'ailleurs, qu'une seule autre, le *dindon ocellé* du Honduras,
rarissime oiseau, à peine connu, qui ne le cède qu'au paon et
au lophophore pour la splendeur de son manteau.

Rappelons en passant que Franklin reprochait à la jeune République américaine d'avoir choisi pour emblème l'ignoble
pygargue, au lieu du dindon, bel oiseau, en somme, et essentiellement américain.

2° *Races de dindons domestiques*. — Le dindon est aujour-
d'hui répandu partout. On pense que son élevage a été pour la
première fois entrepris, en France, aux environs de Bourges,
sous Louis XII. Maintenant, la Normandie, la Picardie, la Lorraine, la Bourgogne, le Bassin de la Garonne produisent autant de dindons que le Berry, si ce n'est plus.

Les races ne diffèrent que par le plumage, comme nous l'a-
vons dit, mais leur rusticité, leur délicatesse de chair, leur
facilité à prendre la graisse sont sensiblement égales. Cependant
la race noire aurait peut-être quelques avantages pratiques sur
les autres, notamment sur la race blanche. C'est le dindon
noir qu'ont choisi les éleveurs toulousains qui sont gens ex-
perts et qui doivent avoir de bonnes raisons pour s'attacher
spécialement à cette race.

Les mœurs des dindons domestiques sont restées sensiblement les mêmes que celles du dindon sauvage et nous indiquerons en traitant des détails de leur élevage, les quelques modifications que l'influence de l'homme a apportées dans les
instincts et les habitudes du dindon.

Les principales races cultivées se rattachent aux types suivants dont le nom est assez caractéristique pour nous dispenser
de toute description particulière.

Dindon noir. — Plumage noir avec des reflets rappelant

l'éclat métallique qu'on observe dans la cassure de certains charbons.

Dindon rouge.

Dindon jaune.

Dindon blanc.

Dindon jaspé. — Plumage noir marbré de teintes blanches.

3° *Élevage des dindonneaux*. — Les dindonneaux sont d'un élevage relativement difficile. Ils sont loin d'être aussi rustiques que les poulets, les oisons et les canetons, et, de plus, ils sont assez stupides.

Le soin le plus important à prendre après leur éclosion consiste à les préserver du froid. Si leur naissance est un peu précoce et que la saison soit encore peu avancée, on est quelquefois obligé de les renfermer pendant la première huitaine dans une pièce chaude et même chauffée, au besoin, dont le sol est recouvert de sable ou de sciures de bois. Si le temps le permet, on les laisse sortir au milieu de la journée, autant que possible au soleil et dans un endroit abrité, sous un hangar, par exemple, en surveillant bien la mère, afin qu'elle ne les emmène pas au loin. Il est prudent même de placer celle-ci sous une mue. Il faut surtout éviter que les petits soient mouillés et qu'ils reçoivent quelque averse, car ils périraient presqu'infailliblement.

Le froid les engourdit facilement mais ne les tue pas d'une manière certaine et immédiate. Il arrive souvent que des dindonneaux sont tellement engourdis qu'on les croit morts, mais remis sous la mère on les voit avec étonnement revenir à la vie après quelques heures de chaleur.

Dès la seconde semaine, si le temps est beau, on peut les laisser promener avec la mère, mais en les surveillant toujours de près et les faisant rentrer immédiatement s'il vient à pleuvoir.

Ils ne commencent guère à manger que le troisième jour après leur naissance ; mais là se présente une difficulté dont il est parfois malaisé de triompher. Certains sont tellement ab-

surdes, qu'il est absolument impossible de leur apprendre à
manger. Il faut leur ingurgiter la pâtée de force pour les empêcher de mourir de faim. Il peut être utile alors d'introduire
dans la couvée quelques poulets qui leur donnent l'exemple.

Leur première nourriture doit être composée de pain trempé,
d'œufs durs auxquels on ajoute presque toujours des oignons,
le tout haché menu, ensemble. Le meilleur grain à leur offrir,
concurremment, est le chènevis. Les oignons paraissent être
tout à fait de leur goût, car dans la pâtée ce sont eux qu'ils
choisissent d'abord.

Quand les dindonneaux commencent à bien manger, à l'âge
d'une dizaine de jours, environ, on peut supprimer les œufs et
composer une pâtée avec du son ou de la recoupe mélangée d'oignons et d'orties hachées. En même temps, on les mène
aux champs, toujours en évitant la pluie, et par les temps humides on choisit les terrains secs et sablonneux. Les sols dé-
trempés leur sont pernicieux. Les dindons n'aiment pas à avoir
les pattes mouillées, et avant la *crise du rouge* on doit éviter
de leur fournir le moindre prétexte de maladie ou même de
malaise. De même, on ne doit les mener paître que quand la
rosée est ressuyée. On peut les faire sortir deux fois dans la
journée, le matin de 9 à 11 heures et le soir de 4 à 6. On les
fait rentrer aussi pendant la grande chaleur, car si le froid les
tue, le grand soleil ne les tue pas moins, lorsque ses rayons
commencent à devenir chauds.

Ces soins et ce régime doivent être continués jusque vers
l'âge de deux mois et demi. C'est, en effet, entre deux et trois
mois que les dindonneaux prennent le rouge, c'est-à-dire que
leurs caroncules et pendeloques s'injectent de la couleur rouge
qu'on leur connaît. Cette crise est très-grave pour ces oiseaux
et en fait souvent périr un grand nombre, sous notre climat, si
on ne leur a pas, par un élevage attentif, fait une bonne et
robuste constitution.

La prise du rouge se fait d'autant mieux que le temps est
plus beau et que les élèves ont moins à souffrir du froid et de

l'humidité. Il est bon, à ce moment, de mêler à leur pâtée des matières échauffantes, du chènevis, un peu de vin, du sel, du persil et surtout des oignons et des orties.

Il est inutile d'ajouter, d'ailleurs, que dès que les dindonneaux sont en état de manger de la graine, on leur fait des distributions de grain comme aux autres volailles, sans préjudice de la pâtée de son, orties et oignons qu'on leur donne deux fois par jour, en éloignant la mère.

C'est dans cette première partie de leur éducation que ces oiseaux sont difficiles à conduire, surtout si l'on est contrarié par le temps, mais une fois la crise du rouge surmontée on peut considérer les élèves comme sauvés car ils deviennent alors d'une rusticité à toute épreuve.

4° *Élevage des dindons.* — Lorsque les dindons ont pris le rouge, leur élevage devient des plus faciles, mais il est alors nécessaire de leur livrer un vaste parcours où ils puissent pâturer tout le jour et faire la chasse aux insectes. Lorsqu'on n'a que quelques sujets on les laisse errer autour de la maison, dans les terrains vagues, sur le bord des chemins ; mais si l'on a élevé un nombre considérable de dindons, il est indispensable de les réunir en troupeaux et de les faire conduire dans les champs après la moisson, sur les prés après la fenaison, dans les vignes après la vendange, dans les bois. Un enfant armé d'une gaule suffit à mener un troupeau nombreux. A mesure qu'ils avancent en âge, la durée de ces excursions journalières est augmentée et, peu à peu, ils peuvent braver le soleil de midi et même les pluies les plus abondantes. Ils savent trouver alors de quoi suffire entièrement à leur entretien et l'on peut se dispenser de leur donner aucun supplément de nourriture, excepté toutefois, en hiver, lorsque la neige couvre le sol, lorsque les grandes gelées ont durci la terre, arrêté toute végétation, tué ou fait fuir les insectes et les mollusques. Alors on leur donne des criblures, du grain, des fruits gâtés, des débris de la cuisine, viande, légumes, etc., des pâtées de pommes de terre ou de betteraves cuites, ou bien encore ces mêmes pommes de

terre et betteraves crues et coupées en morceaux. Ils sont aussi
faciles à nourrir que les canards et mangent de tout, vers, escargots, limaces, chenilles, hannetons.

Il n'est pas jusqu'à leur logement qui, pendant toute la belle
saison, au moins, peut être aussi simplifié que possible, parce
qu'on peut les faire coucher dehors sur des juchoirs. Non-seulement on le peut, mais on le doit, et dès que le temps le permet, on fait sagement de les habituer à quitter le poulailler, la
nuit, pour dormir en plein air. Ils deviennent ainsi plus robustes et se portent beaucoup mieux que les dindons habitués
à coucher dans un local fermé.

Toutefois, lorsque les grands froids commencent à se faire
sentir, il est plus prudent de les faire rentrer le soir dans une
petite étable, d'autant que, dès le courant de janvier, certaines
dindes commencent à pondre et qu'il leur arrive alors très-souvent, comme aux paonnes, de laisser tomber leurs œufs du haut
du juchoir. Les œufs sont ainsi perdus. On fait toujours bien,
d'ailleurs, de répandre sous les perchoirs une épaisse couche de
sable fin, pour éviter autant que possible la perte des œufs
pondus accidentellement. Dans beaucoup de fermes on plante
le juchoir au milieu du fumier, mais nous n'approuvons pas
cette pratique, non pas pour les dindons, mais pour le fumier
qui devrait toujours être dans un endroit abrité et garanti
contre les pluies.

Le juchoir doit d'ailleurs être construit de certaine façon,
afin d'épargner aux dindons des querelles interminables et
parfois funestes. Chacun prétend, en effet, se percher au plus
haut échelon, d'où des batailles. C'est pourquoi le procédé qui
consiste à leur livrer, pour y passer la nuit, quelque arbre mort
convenablement ébranché, a des inconvénients assez graves.
Il en est de même lorsqu'on leur construit un juchoir composé
d'un poteau ou mat-vertical percé à partir de 1 m. 50 au-dessus du sol, de trous espacés à 0m. 30 les uns au-dessus des
autres et dirigés de façon à ce que les bâtons ou perchoirs ho-
rizontaux qu'on y insèrera ne soient pas superposés. (Ces bâtons

devront avoir à peu près la grosseur d'un manche à balai.) En
sautant de l'un à l'autre, les dindons montent bientôt à l'échelon supérieur et se battent pour conserver ce poste. Les autres
prennent place après bien des dissensions envenimées de coups
de bec, sur les échelons inférieurs où ils ne sont pas exposés à
recevoir sur le dos les ordures de leurs camarades logés plus
haut, vu la direction des échelons. Cette pratique, comme on le
voit, est presqu'aussi défectueuse que l'autre en ce qu'elle ne
réussit pas à établir l'égalité et la bonne intelligence entre ces
irascibles bêtes.

Pour éviter ces motifs de querelle on se sert de vieilles roues
hors d'usage dont on a enlevé la ferrure et qu'on enfile par le
moyeu dans un solide poteau planté en terre. Les dindons se
perchent alors sur les jantes et sur les rais et sont tous au même
niveau, ce qui leur enlève un prétexte de querelle.

Malgré la rusticité du dindon adulte, il convient de placer le
juchoir dans un lieu aussi abrité que possible et le moins ex-
posé au froid.

Beaucoup d'éleveurs n'ont pas égard à ce besoin d'égalité
dans leur élévation au-dessus du niveau du sol, qui tourmente
les dindons, et ne leur fournissent que des juchoirs à échelons
à peu près semblables à l'arbre traditionnel de l'ours Martin. Il
arrive ainsi que certains dindons parviennent à conquérir et à
conserver habituellement le poste le plus élevé. On augure bien
de cette vaillance, et c'est parmi ceux qui en ont fait preuve
qu'on choisit les reproducteurs à conserver pour l'année suivante.

Le dindon est un animal presqu'impossible dans une basse-
cour. Le mâle surtout est très-méchant et cette fois le proverbe
a raison. Aucun oiseau n'est plus constamment en colère que
celui-ci, aucun n'est plus querelleur. Il poursuit souvent les
hommes, les frappe même, par derrière, et peut battre les enfants d'une manière dangereuse. Tout le monde connaît la
querelle qu'eut Boileau enfant avec un dindon, querelle dans
laquelle le futur auteur des Satires n'eut pas le dessus. Le din-

5.

don cherche chicane aux poules, aux canards, aux oies; toujours la queue étalée, les ailes traînantes, les pendeloques
rutilantes, il n'est satisfait de rien et s'en prend à tout le monde.
Comme il est fort, il cause souvent des accidents, il tue les dindonneaux et surtout les poulets, quelquefois les poules, voire
les coqs de petite taille. Mais un coq de grande race lui tient
tête, et, comme le dindon est particulièrement lâche, il a soin de
ne pas s'attaquer à celui-ci lorsqu'il a senti deux ou trois fois
l'atteinte de ses éperons. Son mauvais caractère ne fait qu'augmenter avec l'âge et un dindon de quatre ou cinq ans est un
animal impossible à conserver.

Les dindes sont en général beaucoup plus douces, très-douces
même et bonnes personnes. Il y a cependant des exceptions.

On donne, en général, 8 ou 10 dindes à un mâle. La ponte
commencée ordinairement à la fin de l'hiver, en mars, fournit
une vingtaine d'œufs qui viennent de deux jours l'un. Mais
les dindes ont l'habitude invétérée de cacher leurs œufs. Elles
vont pondre dans les haies, sous les touffes de ronces et les buissons. Il faut les suivre à la piste, retirer à chaque fois l'œuf nouveau, et laisser le premier, afin que la dinde revienne à son nid.
Y mettre, comme on le fait souvent, un œuf de plâtre, réussit
presque toujours à les faire changer de nid.

En mai, la dinde demande ordinairement à couver, elle
glousse alors comme la poule, la peau de son ventre s'injecte et
perd ses plumes. Souvent sa ponte n'est pas encore terminée
et, si on lui donne des œufs à couver, elle en pond encore
quelques-uns dans le nid. On s'en aperçoit en voyant augmenter le nombre des œufs mis à l'incubation, qu'on a marqués
préalablement. On retire alors tous les œufs qui ne portent pas
de marque.

Si la couvée est précoce ou si on enlève les petits éclos, pour
les donner à une autre mère, (car une même dinde conduit
très-bien deux couvées), une seconde ponte se produit à la fin
de juillet ou en août. La fécondité de la dinde diminue à l'âge
de quatre ou cinq ans.

Les œufs de dinde sont gros, surtout lorsque la pondeuse est âgée de deux ans au moins (elle commence à pondre à dix mois ou un an). Ils sont blancs, très-bons à manger, quoique moins délicats que ceux des poules. La dinde qui couve en peut couvrir vingt-deux.

On connaît toutes les qualités de la dinde comme couveuse, sa longue patience, son amour pour ses petits, la persévérance avec laquelle elle mène à bien deux couvées de suite, ce qui est un travail des plus pénibles, puisque l'éclosion ne se produit que du trentième au trente-deuxième jour. Deux couvées à parfaire exigent donc plus de deux mois d'incubation. Il arrive aux dindes comme aux poules de se consumer par une trop violente fièvre incubatoire et de mourir sur leurs œufs.

Malgré son poids considérable, la dinde use de telles précautions, en s'asseyant sur ses œufs, qu'elle en casse bien plus rarement que les poules, surtout les cochinchinoises, quelque petits que soient les œufs, quelque fragile que soit leur coquille.

On la force à l'incubation, alors même qu'elle ne manifeste pas le désir de couver, bien plus aisément aussi que les poules. On l'échauffe par quelques jours d'alimentation au sarrasin et au chènevis. Puis on la place sur un nid, dans un panier bas et fermé, avec quelques œufs d'essai. Au besoin, on l'enivre avec un peu de pain trempé d'eau-de-vie. On renouvelle, s'il le faut, cet expédient pendant deux ou trois jours et il est rare que la dinde n'accepte pas sérieusement les œufs d'essai qu'on remplace alors par des œufs définitifs.

Grâce à cette patience, à cette fidélité à l'incubation, c'est la dinde qui est le plus souvent chargée de couver, en Normandie, les œufs des poules de Crèvecœur et de Houdan qui ne couvent pas.

On lui prépare son nid comme aux poules. Sur un premier lit de paille saine et brisée, on en dispose un second de paille plus fine dans laquelle on creuse une légère cavité, pour recevoir les œufs. Il faut que le panier où on l'établit soit assez grand pour que la dinde puisse se retourner sans que sa tête ni

sa queue soient gênées. Chaque jour, à heure fixe, on la lève
pour lui donner à manger et à boire sous une mue et, pendant
le repas qui ne doit pas se prolonger plus de vingt minutes, on
recouvre les œufs avec un chiffon de laine.

Après le repas, on replace la couveuse sur la paille, près des
œufs qu'on découvre et sur lesquels on la laisse descendre elle-
même, ce qu'elle sait faire avec des précautions minutieuses.

Dans l'élevage des dindonneaux, comme dans celui de tous
les oiseaux de basse-cour qu'on fait naître en grandes quantités,
il est toujours utile d'établir plusieurs couvées le même jour,
afin de pouvoir, le jour de l'éclosion, donner à quelques mères
les petits des autres et faire faire à ces dernières une nouvelle
couvée.

On *mire* les œufs par transparence, vers le sixième jour et
on supprime les œufs clairs. L'éclosion se fait en général bien,
avec plus d'uniformité et de facilité que celle des poulets.

Si les dindonneaux n'ont que quelques jours de plus ou de
moins, on peut néanmoins les réunir sous une même mère,
mais à la condition de les lui donner le soir, dans son nid, afin
qu'elle ne les reconnaisse pas, sans quoi elle les tuerait.

On fait quelquefois couver les œufs de la seconde ponte, et, si
le temps est favorable, les petits prennent le rouge avant les
froids. Ils n'acquièrent jamais la taille des dindonneaux du
printemps, mais ils ont une valeur plus grande, parce qu'ils
peuvent être livrés à la consommation au printemps suivant,
époque où les autres ont disparu.

Ajoutons que l'élevage des dindons est beaucoup plus facile
sur les terrains secs et sablonneux que sur les terres fortes, ar-
gileuses qui conservent l'eau plus longtemps.

5° *Engraissement.* — L'engraissement des dindons se fait
toujours en liberté, car si on les séquestrait ils maigriraient,
quelque soit le régime auquel ils seraient soumis. Il en résulte
qu'on est obligé d'engraisser le troupeau tout entier ou bien de
marquer les individus que l'on veut soumettre d'abord au régime de l'engraissement. Il en résulte encore que la durée de

l'opération est assez longue, lorsqu'on la compare surtout à ce qu'elle est chez les autres volailles engraissées par séquestration.

On peut engraisser des dindonneaux, mais l'état de graisse est plus difficile à obtenir que chez les dindons qui ont atteint toute leur croissance, c'est-à-dire qui sont âgés de 6 à 7 mois. Le procédé est d'ailleurs fort simple ; il consiste à donner une ration supplémentaire aux sujets qu'on a marqués, lorsqu'ils reviennent du pâturage.

On les marque, soit en leur coupant quelques plumes de la queue, soit en leur attachant à la patte une ficelle ou un cordon de nuance tranchée.

L'engraissement des dindons est plus ou moins parfait non-seulement selon l'âge, mais aussi selon le sexe du sujet. Les mâles prennent plus de poids quoique s'engraissant moins vite ; ils peuvent atteindre jusqu'à 10 kilogrammes. Les femelles s'engraissent plus rapidement, mais n'atteignent qu'un poids moyen de 5 kilogrammes. Il est vrai que leur chair est beaucoup plus fine et délicate.

L'opération peut se diviser en trois périodes de 15 jours chacune environ.

Pendant la première quinzaine, on se borne à donner, comme nous l'avons indiqué, un supplément de ration lors de la rentrée, après la sortie du matin, aux individus qu'on a marqués. Ce supplément peut être constitué par toute espèce de nourriture, grains, déchets, débris quelconques, pommes de terre, betteraves, fruits, glands, châtaignes, noix, etc., suivant les ressources locales.

Pendant la seconde quinzaine, on commence l'emploi des pâtées que l'on compose d'abord avec des pommes de terre cuites, écrasées et mêlées de farine d'orge, de maïs, de sarrasin. On délaye le plus souvent ces matières dans de l'eau, mais il est préférable d'employer le lait caillé ou doux. On distribue cette pâtée à la rentrée du soir. Pendant la troisième quinzaine on distribue la pâtée deux fois par jour en supprimant le repas de grain et on complète le régime, dans les huit derniers jours, en faisant avaler de force un pâton à chaque oiseau. Ce pâton est une boulette assez ferme, grosse à peu près comme le doigt et longue de 5 ou 6 centimètres. A chaque repas, on donne un pâton de plus, en ayant soin de le tremper dans l'eau pour en lubrifier la surface et en rendre la descente plus facile dans l'œsophage. On aide d'ailleurs à la déglutition en conduisant le pâton jusque dans le jabot par une douce friction exercée, tout le long de l'œsophage, avec le pouce et l'index. Pour opérer commodément, il faut avoir un aide qui maintient l'oiseau entre ses genoux et lui ouvre le bec.

Il faut séparer les dindons empâtés afin de ne pas gaver deux fois le même sujet.

Les pâtons sont d'ailleurs formés avec la pâtée même qu'on donne à manger librement aux oiseaux, mais il y a grand avantage à la détremper avec du lait caillé, ce qui rend la chair du dindon plus blanche et plus délicate.

Après l'empâtement on fait avaler un peu de lait à l'oiseau.

A Toulouse on gave les dindons le matin, avant leur sortie, et le soir, à leur rentrée, avec des pâtons composés de farine de maïs bouilli délayée tantôt dans de l'eau, tantôt dans du lait. Mais M. Labouilhe insiste avec raison pour l'emploi du lait.

En Provence, on ajoute à la nourriture des dindons un régime aux noix entières. On les gave en leur faisant avaler des noix toutes rondes, dont on augmente le nombre tous les jours, depuis un jusqu'à quarante. La chair du dindon engraissé par cette méthode a un goût d'huile des plus désagréables, et nous préférons de beaucoup le procédé toulousain qui est le plus simple, bien qu'un peu long, car, en général, l'engraissement n'est complet qu'après sept semaines ou deux mois. De plus, la dépense est assez considérable, mais les dindes grasses de Toulouse et notamment, les dindes truffées, ont une réputation et, par suite, un prix qui rémunère encore très-suffisamment l'éleveur.

6° *Hygiène et maladies des dindons.* — Nous n'avons qu'à résumer dans ce chapitre ce que nous avons dit dans les précédents, à savoir que les dindons, surtout dans le jeune âge, craignent beaucoup le froid et la pluie. C'est à les en préserver qu'il faut le plus s'attacher.

Plus tard, ils ont besoin d'un vaste espace, et, si l'on ne peut le leur procurer ainsi un pâturage abondant, l'élevage des dindons sur une certaine échelle sera plus dispendieux que productif. Ces oiseaux font d'ailleurs peu de ravages et ils ne détruisent pas les plantes qu'ils broutent, se bornant à couper nettement leurs feuilles extérieures sans les secouer et les arracher comme font les oies. Le pâturage dans les bois leur est très-favorable à cause des glands, faines, châtaignes et autres fruits sauvages qu'ils y trouvent en abondance, sans compter les insectes et les mollusques.

On dit qu'une nourriture composée de ces mollusques et insectes les relâche trop, mais cela n'arrive que si on ne leur donne pas autre chose.

Il faut d'ailleurs avoir soin qu'ils ne broutent pas de plantes vénéneuses telles que la grande ciguë, la digitale, qui abondent dans quelques bois, ainsi que certaines solanées et renonculacées des plus malfaisantes, la jusquiame, la belladone, l'ellébore, etc.

Aimant la liberté, se plaisant au grand air, les dindons se portent mieux quand on les habitue à coucher dehors dès que la saison le permet, sauf les dindes pondeuses qu'on peut renfermer dans une petite étable particulière. On leur donne la liberté après qu'elles ont pondu, afin d'éviter la perte des œufs qu'elles vont cacher dans les haies et les buissons.

Enfin, il ne faut pas compter élever avec fruit des dindons sur un terrain humide. Il faut que le sol soit sablonneux et de telle nature que les pluies ne le détrempent pas assez pour former de la boue qui s'attache aux pattes des dindons.

Quant aux maladies qui peuvent les frapper elles sont, en somme, peu nombreuses. La plus grave est la crise naturelle du rouge, dont nous avons parlé en indiquant les soins dont on doit entourer les dindonneaux au moment de cette crise. Les

autres affections sont l'effet du froid ou de la pluie. Il suffit
pour les guérir de séquestrer les malades qu'on empêche
d'aller aux champs et qu'on place auprès du feu, sous une
mue pour qu'ils ne se brûlent pas. On les réchauffe, d'ailleurs,
par tous les moyens possibles, vin, chènevis écrasé, etc. On
les rend à leur mère le soir, s'ils couchent encore sous elle,
mais pour les reprendre le matin, jusqu'à parfaite guérison.

Lors de la croissance de la queue, il arrive parfois que les
dindonneaux ont une certaine difficulté à prendre leurs plumes.
On le reconnaît à leur tristesse, leur faiblesse, à la décolo-
ration des pennes des ailes et de la queue, à leur plumage
terne. On les guérit souvent par une simple petite saignée
qu'on pratique en leur coupant les tuyaux pleins de sang de
deux ou trois plumes sous le croupion.

Enfin, comme tous les oiseaux de basse-cour, les dindons
sont sujets à une sorte de cachexie aqueuse qui se caractérise
par un écoulement nasal, par des tumeurs, des chancres ou
des pustules, non-seulement à la tête et aux caroncules, dans
la gorge, mais encore sous les ailes et sous les cuisses. Ce sont
ordinairement les animaux malsains qui sont ainsi affectés. On
les guérit par des lotions avec des liquides astringents ou désin-
fectants, eau vinaigrée, solutions étendues de sulfate de zinc,
d'acide phénique, de permanganate de potasse, etc. Ces malades doivent être séquestrés, car leur affection est contagieuse.
Il faut les tenir le plus chaudement possible et ne pas hésiter à
les sacrifier, si on les voit trop gravement atteints. Quelquefois,
on cautérise les pustules au fer rouge, mais on ne remédie ainsi
qu'aux accidents locaux, tandis que la constitution de l'animal
est viciée d'une manière plus ou moins profonde.

7° *Produits de l'élevage des dindons.* — Les dindons ne
donnent pas d'autre produit que leur chair. Leurs plumes sont
sans valeur, sauf peut-être celles des ailes et de la queue dont
l'unique usage est la confection de petits balais ou plumeaux
qu'on emploie dans les ménages.

Le grand défaut qu'on reproche aux dindons est leur peu de

fécondité dans la ponte, le nombre de leurs œufs ne satisfaisant guère qu'aux besoins de l'incubation. Si la dinde avait la fécondité de la poule, cet élevage, en raison de la rusticité de la bête adulte, du peu de soins et de nourriture qu'elle demande, hors la période d'engraissement, serait un des plus fructueux parmi les travaux de la basse-cour.

Malheureusement il n'en est pas ainsi, et l'éleveur forcé de produire des dindonneaux uniquement pour la consommation est astreint à donner au plus grand nombre de ses élèves des soins presque continuels, tant d'éducation que d'engraissement, c'est-à-dire qu'il ne peut profiter que très-secondairement de la facilité qu'aurait l'oiseau adulte de se passer de lui. Il a, plus que dans tout autre élevage, à compter avec les intempéries de la saison, et quelquefois ses pertes sont considérables. Si le temps le favorise et qu'il puisse entièrement profiter de cette période pendant laquelle le dindon, ayant pris le rouge, prend sa croissance, en attendant l'engraissement, il pourra avoir encore de beaux bénéfices ; néanmoins, il n'est pas possible de fixer un chiffre, même approximatif, pour le produit d'un troupeau de dindons, comme nous l'avons fait pour une volée de pigeons, ce troupeau pouvant se trouver tout-à-coup réduit de moitié par l'influence du mauvais temps. De plus, le mode de nourriture varie suivant les localités, et le prix de revient de chaque bête est très-différent non-seulement suivant le nombre des réussites, mais aussi suivant les lieux et les années.

TROISIÈME PARTIE

L'OIE

1

L'oie appartient à la classe des Palmipèdes, c'est-à-dire qu'elle a les doigts palmés et les pieds disposés en rames. Elle habite cependant le bord des eaux plutôt que les eaux elles-mêmes, et montre des habitudes bien moins aquatiques que les canards, surtout à l'âge adulte. Elle a les jambes plus hautes que les canards, et placées moins en arrière, aussi sa marche est-elle plus aisée et sa station moins horizontale.

La différence d'habitat se traduit encore par une différence dans la forme du bec. Principalement herbivore, elle a le bec plus court et moins plat, plus mince, mais plus fort, plus haut que large à la base. Comme elle a les jambes plus hautes, elle a aussi le cou plus long.

Si les oies sont herbivores par nature, elles mangent aussi fort bien les graines, néanmoins le pâturage leur est nécessaire, aussi leur faut-il un assez grand parcours. Peu vagabondes, d'ailleurs, elles se réunissent en troupeaux qu'il est facile de mener aux champs comme des moutons. Elles apprennent même à obéir au son de la trompe ou de la cornemuse. Dans les pays où on les élève en grand, des bergers, des enfants, les rassemblent tous les matins au son de leur instrument et les mènent au pâturage. Le soir venu, le troupeau est ramené, et chaque bande regagne son toit, sans jamais se perdre ni se tromper.

Ajoutons que l'oie peut commettre des dégâts dans les champs, non-seulement par ce qu'elle y broute, mais par les déjections liquides et brûlantes qu'elle y répand.

Les oies sont des oiseaux migrateurs dont la patrie est la région polaire ou les plaines de l'Europe, de l'Asie et de l'Amérique septentrionales.

A l'époque des grands froids, elles descendent dans nos climats plus doux, puis, au printemps, remontent vers le pôle pour pondre et couver. Elles voyagent par bandes nombreuses disposées en triangle ou en ligne droite, chaque oiseau venant successivement prendre la tête du convoi, et se retirant à l'arrière-garde lorsqu'il se sent fatigué. Cependant, il semble que ceux du centre, les jeunes de l'année sans doute, sont dispensés de ce service. Ce fait a été bien constaté dans les vols de grues, qui affectent le même ordre stratégique. Le soir, la bande s'abat au voisinage des eaux, et des sentinelles sont placées pour veiller à la sûreté commune. Quelquefois, comme les grues et les canards, les oies remplacent le voyage de jour par un voyage de nuit, lorsqu'il s'agit de franchir quelque passe dangereuse, comme une chaîne de montagnes où veillent les aigles et les grands brigands de l'air.

Comme on le voit, l'oie n'est pas aussi bête qu'on le dit. Son caractère est naturellement farouche, défiant, sauvage. A l'état domestique, elle est assez douce, cependant, lorsqu'elle conduit sa jeune famille, elle menace les chiens, les enfants et même les hommes qui les approchent de trop près. Les mâles surtout sont parfois très-méchants, à ce point qu'on doit s'en défaire.

On connaît la vigilance des oies, vigilance qu'elles doivent à leurs habitudes de migrations et qu'elles partagent avec d'autres oiseaux de passage. Elles peuvent rendre, sous ce rapport, des

services importants. Par les éclats de leur voix de trompette, elles
signalent tout ce qui leur paraît insolite. Si elles ne défendent

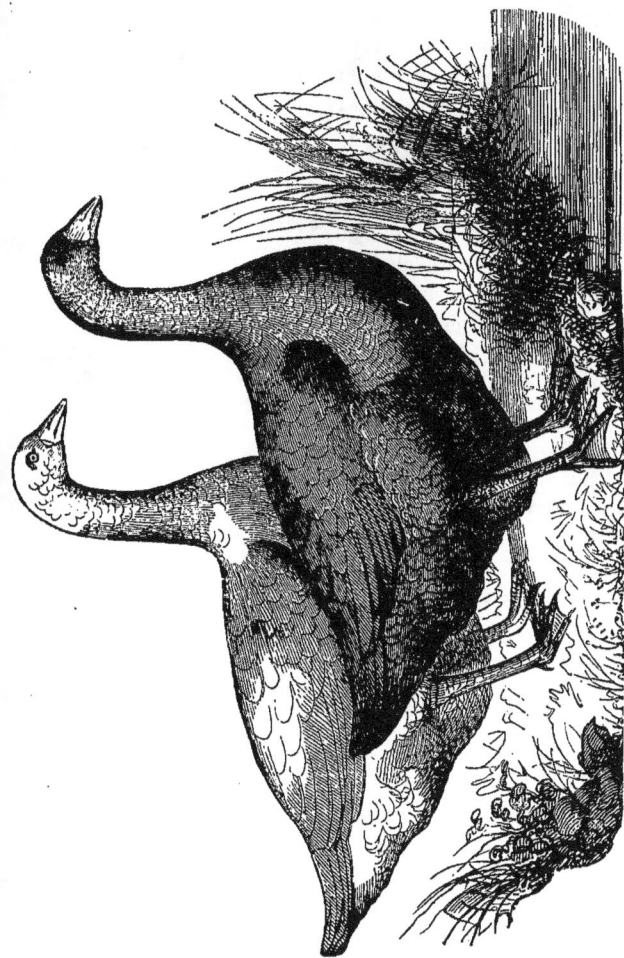

Fig. 10. — Oies communes.

pas la maison comme le chien, elles sont incorruptibles. Le
malfaiteur qui voudrait acheter leur silence par quelque bon

morceau ne réussirait qu'à les faire crier plus fort, car elles *cancanent* chaque fois qu'on leur donne à manger.

Aussi Columelle les recommande-t-il comme les meilleures gardiennes de la maison, Végèce comme les plus fidèles sentinelles du camp ou de la ville assiégée. On sait l'histoire des oies du Capitole qui prévinrent Manlius de l'attaque des Gaulois, tandis que les chiens se taisaient. Ce qui fut l'origine de cette fête dans laquelle les Romains reconnaissants gavaient de victuailles les oies nourries aux frais de la *Ville*, tandis qu'on fouettait en place publique les chiens pendus à un tronc de sureau. Mais, comme les choses de ce monde sont fatalement instables et sujettes à des revirements imprévus, il advint un jour qu'Héliogabale, qui avait des idées particulières sur les coutumes romaines, fit, à la barbe de ceux qui avaient été le Peuple-Roi, nourrir ses chiens avec les foies gras des oies chères à Junon.

A l'état sauvage, l'oie est monogame, au moins pour une saison, quoiqu'à l'état domestique les mâles ou *jars* fécondent plusieurs femelles, ce qui permet de ne conserver qu'un seul étalon pour un troupeau assez nombreux. Il est des communes où l'élevage des oies est assez général, quoique pratiqué par chaque habitant sur une bande de quelques sujets. Dans ces conditions, l'entretien d'un jars par chaque bande serait onéreux. On mène alors les femelles chez le propriétaire du jars étalon et l'on paye quelques centimes pour la saillie. Quoi qu'il en soit de cette disposition à la polygamie, le jars ne suit jamais qu'une seule couvée.

La ponte est aussi beaucoup plus considérable chez l'oie domestique que chez l'oie sauvage. Tandis que celle-ci ne donne que 6, 7 ou 8 œufs, la première, dont la ponte commence en janvier pour se prolonger jusqu'en juin, peut en fournir de 20 à 30. Elle pond tous les deux jours et se repose quelques jours, après qu'elle a pondu 8 ou 10 œufs. Sa fécondité est d'ailleurs assez variable suivant l'âge et la race, ainsi que nous l'indiquerons plus tard. La femelle construit sur le sol, dans un lieu abrité, un nid grossier tapissé de quelques herbes sèches et y couve pendant 30 jours, sous la protection du mâle qui ne partage pas les soins de l'incubation, mais surveille le nid, à proximité, et conduit, avec la mère, la jeune famille, menaçant par les inflexions de son cou et le sifflement particulier qui est son seul cri, tout ce qui lui paraît inquiétant, homme ou animal, et, au besoin, appuyant ses menaces du bec et de l'aile.

Les jeunes, au sortir de l'œuf, sont couverts d'un duvet jaunâtre qui tombe bientôt et que remplacent des plumes dont la nuance varie suivant l'espèce ou la race. Ils aiment beaucoup l'eau et même beaucoup plus que les adultes.

Les oies sont des oiseaux fort soigneux de leur personne, qui n'aiment ni la boue ni le fumier, au contraire des canards qui se plaisent dans la fange. Nous avons dit que leurs déjections sont considérées comme causant un certain dommage aux plantes sur lesquelles elles les répandent. On ajoute que les herbages qui ont été ainsi souillés sont refusés par les bestiaux auxquels ils peuvent, dit-on, causer quelques accidents graves. Nous aurons à revenir sur ce sujet.

II

ESPÈCES ET VARIÉTÉS D'OIES

Il y a un assez grand nombre d'espèces d'oies et il semble que la plupart se prêtent volontiers à la domestication, ou au moins à l'apprivoisement dans la basse-cour, ce qui est le premier degré de la domestication. Parmi ces espèces nous citerons les suivantes :

Oie cendrée ou *oie première*. — Cette oie, la plus ancienne·

ment connue, est la souche de nos races domestiques. Elle peut même, quoique née à l'état sauvage, se plier à la vie domestique et habiter la basse-cour ; mais à l'époque du passage le désir de la liberté lui revient et elle se joint souvent aux bandes qui émigrent. Cet inconvénient se présente d'ailleurs pour tous les oiseaux migrateurs domestiques dont l'espèce vit encore à l'état sauvage. On parle d'oies qui ont émigré de la basse-cour, au moment du départ général, et sont venues reprendre leur place, au retour d'automne.

La patrie de l'oie cendrée paraît être la région marécageuse de l'Europe orientale, les bords de la mer Blanche, d'où elle descend en France et surtout en Hollande. Elle niche dans l'Europe centrale.

Sa livrée est un manteau brun-cendré ombré de gris, avec le croupion cendré et le ventre gris-clair. Tout le plumage est strié de blanc roussâtre et chaque plume est frangée de cette nuance à son extrémité. La membrane des yeux et le bec sont d'un jaune orange. Les ailes repliées n'atteignent pas le bout de la queue.

Les principales races domestiques qu'elle a fournies et que nous aurons à étudier sont l'oie commune, l'oie de Toulouse, l'oie du Danube, etc.

Oie des moissons ou *oie sauvage*. — Cette oie qui se présente à l'état sauvage en bandes plus considérables que l'oie cendrée n'est pas, comme on le croit encore dans plusieurs pays, le type de l'oie domestique. Néanmoins elle vit bien dans la basse-cour qu'elle quitte, d'ailleurs, volontiers à l'époque du passage.

Elle a la tête, le haut du cou et le dos d'un brun cendré, le croupion noisette, le bec long, déprimé, *bicolore*, noir à la base et à la pointe, jaune orangé au milieu. La membrane des yeux est d'un gris noirâtre, les ailes repliées dépassent le bout de la queue. C'est un oiseau de plus grand vol que l'oie cendrée.

Elle niche dans les régions polaires et traverse en bandes

considérables, l'Angleterre, la Hollande et la France, causant souvent dans les récoltes au milieu desquelles elle s'abat, des dégâts qui rappellent le nom d'oie *des moissons* qu'elle a reçu des naturalistes.

Ses jeunes se distinguent aussi de ceux de l'oie cendrée par leur couleur d'un gris plus clair, avec de petites taches blanches sur le front ; la tête et le cou sont roussâtres.

Oie à bec court. — Cette oie, qui ressemble beaucoup à la précédente, a le plumage d'un cendré plus foncé, le bec est plus court, taché de rouge vif.

Elle niche aussi dans les régions arctiques et ne descend en France que pendant les hivers rigoureux. Elle a été plusieurs fois soumise à la domesticité, notamment chez M. de Lamotte, à Abbeville, et s'est comportée comme l'oie commune.

Oie du Canada ou *oie à cravate.* — Cette oie, une des plus belles et des plus grosses du genre, est d'un brun obscur, plus clair sous le ventre, d'un noir à reflets violets sur la tête et le cou, avec une cravate blanche et une bande de même nuance à l'occiput. Le bec et les pieds sont plombés. Ses formes sont plus sveltes, son cou plus mince que chez la précédente, c'était un cygne pour Cuvier.

Cette espèce est sans contredit une des meilleures pour l'élevage productif. Son éducation ne présente pas plus de difficultés que celle de nos races communes, et donne un grand produit. C'est la plus appréciée de toutes aux États-Unis. Sa patrie est, du reste, l'Amérique du Nord.

L'oie du Canada est depuis longtemps domestiquée en France. Elle y était même beaucoup plus répandue au siècle dernier que de nos jours. Du temps de Buffon, les étangs de Chantilly et de Versailles étaient couverts de bandes de plus de 200 de ces oiseaux, mais en 1793, les oies furent mises à la broche par le peuple souverain.

Oie de Guinée ou *oie cygnoïde.* — Cette espèce anciennement domestiquée en Europe, (et même avant l'oie à cravate), porte encore les noms d'*oie de Chine*, de *Sibérie*, de *Moscovie*. Aussi sa patrie n'est-elle pas la Guinée, mais le nord de la Chine d'où elle nous est venue par la Russie.

Elle porte sur le bec un tubercule rougeâtre, comme les cygnes. Elle est grise avec la poitrine blanche, les ailes et la queue brunes, les pieds orangés. Son ventre est garni d'un

Fig. 11. — Oie d'Egypte.

vaste fanon, ce qui dénote son aptitude à l'engraissement.

C'est un bel et bon oiseau de basse-cour, plus élevé et plus fier que l'oie commune. Elle se croise avec les autres espèces et variétés.

L'*oie de Siam* en est une variété blanche.

Parmi les autres espèces d'oies qui peuvent habiter la basse-cour citons encore :

L'*oie de Gambie* qui porte aussi le tubercule rouge des cygnes et a le pli de l'aile armé d'un double éperon corné. Son manteau est d'un beau vert bronzé.

L'*oie d'Égypte* ou *bernache armée* a l'aile munie aussi d'un éperon court et fort. Elle était célèbre dans l'antiquité. Elle est d'un brun noisette marqué de roux, avec une calotte blanche. Haut montée, elle se redresse en marchant. Acclimatée et domestiquée en France, elle y a donné une race aussi forte que l'oie commune. Elle pond et couve bien. Originaire d'Égypte elle y niche dans des terriers d'où son nom d'*oie-renard*.

Puis viennent la *bernache à joues blanches*, la *bernache cravant*, l'*oie rieuse* ou *oie à front blanc*, puis la grande *bernache de Magellan*, celle des *Iles Sandwich* et enfin le *céréope* de l'Australie, beaux palmipèdes d'ornement qui prendront certainement une place importante parmi nos oiseaux de produit.

III

VARIÉTÉS ET ESPÈCES D'OIES DOMESTIQUES

L'oie cendrée qui est, avons-nous dit, le type de nos oies domestiques a fourni un assez grand nombre de variétés qui, la plupart du temps, n'ont rien de fixe dans le plumage ou les proportions. Toutefois, on est dans l'habitude de ne considérer, en France du moins, que deux races, la petite et la grosse, dans lesquelles se répartissent à peu près toutes les variétés locales.

La petite race, à qui appartient plus spécialement le nom d'oie commune, est celle qui se rapproche le plus pour les formes

et la taille de l'oie cendrée, on la trouve à peu près par toute
la France où son élevage est, dans certaines localités, l'objet
d'industries assez considérables. Elle réussit, en effet, partout
sans soins particuliers, et c'est à elle que s'adressent surtout les
petits cultivateurs qui ne veulent pas faire les frais de nourriture et d'engraissement qu'exige la grosse espèce. Ce calcul
n'est d'ailleurs pas judicieux ; il serait, dans presque tous les
cas, beaucoup plus avantageux de réduire le nombre des têtes
et d'élever la race la plus belle qui, toutes proportions gardées,
fournit des produits de plus grande valeur. Le poids de l'oie
commune est de 3 à 5 kilogr., suivant qu'elle est plus ou moins
bien engraissée.

La grosse espèce est elle-même plus ou moins belle suivant
les pays, mais celle qui s'élève sur une assez grande échelle
dans quelques-uns de nos départements du midi, sous le nom
d'*oie de Toulouse*, a proprement les caractères d'une véritable
race. C'est d'ailleurs la plus grosse, la plus belle et la meilleure.
Il y aurait évidemment avantage à substituer partout cette magnifique race à la petite race commune, sauf à diminuer au
besoin, comme nous l'avons dit, le nombre des éducations.

L'oie de Toulouse se trouve principalement dans le département de la Haute-Garonne, sauf la partie montagneuse, dans
certaines localités des départements du Gers, de l'Ariége, de
Tarn-et-Garonne. Ses caractères les plus saillants sont sa grande
taille, son fort volume, ses formes épaisses et trapues, son allure pesante, ses pattes courtes, ses fanons amples qui règnent
sous le plastron et le ventre, à tel point que l'abdomen traine à
terre. Sa couleur est ordinairement d'un gris cendré, et son
poids varie de 5 à 10 kilogr., selon le degré de l'engraissement.

Le mâle nous paraît bien plus facile à reconnaître dans cette
race que dans la petite. Les caractères qui le distinguent sont
beaucoup plus tranchés, le cou est notablement plus long et
plus mince, la tête plus fine, avec des bajoues moins accen-
tuées.

La ponte de l'oie de Toulouse est très-abondante. Commencée

ordinairement dès janvier, elle se prolonge jusqu'à juin, à raison d'un œuf tous les deux jours. Après avoir donné de 8 à

Fig. 12. — Oies de Toulouse.

10 œufs, l'oie se repose quelques jours pour recommencer ensuite et peut ainsi fournir de 50 à 60 œufs, à moins qu'on ne
la laisse couver, ce qui arrête naturellement la ponte. Elle est

6.

fort bonne couveuse, mais dans le bassin de la Garonne on confie ordinairement ses œufs à des poules pour prolonger la ponte.

Oie du Danube. — Variété blanche qui a les plumes des ailes implantées à rebours, comme certaines poules *frisées* ou *guenilles*. Elle nous paraît la même que l'*oie à quatre ailes* des anciens auteurs. Ses pieds sont jaunes, ses jambes courtes et sa station horizontale.

IV

ÉLEVAGE DES OIES

On ne prend pas, en général, des oies tout le soin qu'elles méritent. Les précautions d'hygiène et de propreté sont surtout celles qu'on néglige. On entasse le plus souvent ces oiseaux dans des étables ou des écuries, sous les pieds des chevaux et des bestiaux, ou bien au fond d'un poulailler ou sous un toit infect qui n'est, pour ainsi dire, jamais nettoyé. Les oies doivent coucher sous un toit spécial qu'elles ne peuvent partager qu'avec les canards, lesquels ne perchent pas, non plus qu'elles, et dont les poules doivent être bannies, car leurs ordures tombant d'en haut sur les oies endormies salissent considérablement leur plumage. Or, celles-ci aiment la propreté, c'est pour elles une condition de santé. De plus, on doit se rappeler que leur plume constituant une partie importante du revenu qu'elles fournissent, doit être l'objet de certains soins, sans lesquels elle ne saurait obtenir toute sa valeur.

Le local doit être sain, aéré, assez spacieux pour qu'il n'y ait pas encombrement. Le sol est recouvert de litière sèche qu'il faut renouveler tous les deux jours. Les autres jours, on peut se borner à la retourner à la fourche, car les déjections ne couvrant que la surface supérieure, en retournant la litière on la fait imprégner des deux côtés en deux jours. On peut alors la récolter, car elle constitue un excellent engrais.

Les oies, sans être omnivores comme les canards, ne sont pas difficiles sur la nourriture, qui est absolument végétale. Elles sont voraces et assez gâcheuses. Elles mangent toutes les graines, sèches ou mouillées. Dans une basse-cour habitée par des poules, il est utile de leur distribuer leur ration à part, dans des terrines, des sébiles ou des baquets, afin que la majeure partie de la pitance ne soit pas absorbée par une espèce plus vorace ou plus expéditive, aux dépens de l'autre. Les betteraves crues ou cuites, les pommes de terre, presque tous les fruits, les raisins avariés, sont parfaitement de leur goût, ainsi que les pâtées de son et surtout de recoupe. Mais le parcours leur est nécessaire, et une des principales conditions de leur élevage consiste à leur faire trouver la presque totalité de leur nourriture dans les champs, les chaumes, prés, terrains vagues, bois, etc. Elles ne doivent recevoir à la basse-cour, soir et matin, qu'un complément de ration en graines. Lorsqu'on dispose de terrains suffisants et qu'on n'élève qu'un petit nombre d'oies, on peut les laisser vaguer autour de la maison, car elles ne sont point vagabondes, ne s'écartent pas trop et savent bien revenir au toit, vers le soir, chercher quelques poignées de graines avant de regagner la couchée. Lorsqu'au contraire on élève des bandes considérables, il faut pouvoir les conduire aux champs et sur les chaumes, tout le jour, comme des moutons. Ce sont ordinairement des enfants qu'on charge de ce soin, et les oies apprennent bien vite à leur obéir. On trouve bientôt ainsi, par l'abondance de nourriture que récoltent les animaux dans leur parcours, à payer les frais du gardien, mais à la condition que les bandes soient nombreuses.

D'ailleurs, on peut poser en principe que, dans presque toute la France, l'élevage des oies n'est réellement lucratif que si on peut le pratiquer sur une certaine échelle.

Toutefois, on peut élever un certain nombre d'oies sur un espace relativement restreint en leur fournissant journellement des herbes fraîches. Le trèfle, les salades, la chicorée sauvage, l'herbe de pré, les plantes aquatiques, les épluchures de légumes, les choux verts, les sarclages de jardin, les coquelicots, mouron, thlaspi, séneçon, pimpernelle, cresson, oseille, orties, leur conviennent parfaitement, voire les sarments de vigne, les jeunes pousses des arbres fruitiers, etc.

Il faut observer toutefois qu'elles ne mangent pas la luzerne ni le sainfoin, que les choux pommés ne leur plaisent pas, que l'usage trop prolongé des salades les relâche d'une manière fâcheuse, qu'elles sont fort avides de la ciguë qui les empoisonne.

Bien que l'eau ne soit pas absolument nécessaire aux oies, elle leur est cependant fort utile, car il faut se rappeler qu'elles sont, en somme, des oiseaux aquatiques. On remarque qu'elles sont plus belles lorsqu'on les élève dans le voisinage des mares. Elles boivent, d'ailleurs, beaucoup et elles aiment à se baigner, surtout le soir. Leur digestion, dans ces conditions, est beaucoup plus rapide, l'assimilation des aliments plus complète et l'animal se maintient mieux en chair, ce qui est indispensable à un bon engraissement. En même temps leurs plumes n'acquièrent toutes leurs qualités que sous l'influence de ce régime.

Aussi, nous ne croyons pas qu'il soit possible d'élever des oies en grand nombre d'une manière réellement avantageuse, si l'on ne peut leur fournir une certaine étendue d'eau propre pour le bain, de même que des prairies, des chaumes ou des terrains vagues pour pacage. Aux environs de Toulouse, certains propriétaires, plutôt que de récolter des fourrages ou des céréales sur des terres d'étendue considérable, préfèrent y créer des prairies consacrées exclusivement à la nourriture de nombreux troupeaux d'oies. La spéculation est en effet très-lucrative.

Lorsqu'on mène ainsi les oies paître sur des prairies artificielles, on doit attendre que celles-ci soient déjà assez anciennes pour que les plantes soient fortement enracinées, sans quoi les oiseaux les arrachent en les broutant. C'est l'oubli de cette précaution qui a fait considérer la dent de l'oie comme venimeuse et donné naissance à ce préjugé que les plantes qu'elle a broutées périssent. Cet effet ne se produit que sur des plantations trop jeunes pour résister à l'effort violent du bec de l'oie.

Le nombre des femelles que l'on donne à un jars est assez variable suivant les localités, les races et même suivant les individus. Nous avons dit que l'oie est naturellement monogame, c'est donc par une sorte de perversion de ses instincts, due à la domesticité, que le mâle devient polygame, bien qu'il n'assiste jamais qu'une seule femelle pendant l'incubation et ne conduise avec elle qu'une seule famille. On dit en général que trois femelles suffisent à un jars, cependant on lui en donne le plus souvent cinq, six ou même sept, notamment dans le midi, et l'on obtient des œufs parfaitement fécondés. Cette pratique peut même avoir un avantage, celui de nécessiter l'entretien d'un moins grand nombre de jars, ce qui constitue une économie, et, en même temps, on évite les combats violents que se livrent parfois ces mâles surabondants. Or, pendant qu'ils se battent ils négligent les femelles et la fécondité des œufs en souffre.

Dès le mois de janvier, on prépare les oies à la ponte par des pâtées de racines cuites auxquelles on ajoute des choux, des feuilles de navet et puis des criblures de blé, d'orge, de seigle, du son, du maïs. On leur donne deux rations par jour, une le matin, au lever, l'autre le soir, une heure avant le coucher. On a soin de casser la glace dans les mares ou abreuvoirs, afin que les oiseaux puissent trouver l'eau nécessaire.

Un peu après le milieu de janvier, la ponte devenant imminente, on diminue les pâtées qui porteraient trop les oies à la

graisse, on diminue même le maïs qui, dans le bassin de la
Garonne, constitue la principale nourriture des oies, et on donne
des graines, notamment de l'avoine sèche ou mouillée, et de la
recoupe additionnée d'un peu de sel.

Les oies pondent volontiers dans des endroits découverts,
dans les décombres et pierrailles. Elles forment une cavité peu
profonde autour de laquelle elles apportent quelques menues
branches, pailles, débris de toutes sortes. Nous avons dit qu'elles
pondent de deux jours l'un, avec quelque repos de temps à
autre. C'est en mars, ordinairement, que la femelle manifeste
le désir de couver. On la voit alors transporter vers le nid
qu'elle a choisi les pailles et autres matériaux grossiers qui
doivent faire les frais de sa construction. Si le lieu choisi par
elle est convenablement placé et abrité, que la couveuse y
puisse être tranquille et en sûreté, on la laisse arranger les
choses à sa guise, quitte à lui fournir la paille nécessaire ; au
besoin, on complète et on perfectionne son ouvrage. Mais si
l'endroit où elle s'est établie est mal choisi, on lui commence
un nid ailleurs, dans de meilleures conditions, et elle l'adopte,
en général, facilement.

. On a eu le soin d'enlever les œufs au fur et à mesure de la
ponte, mais on en laisse un dans le nid, afin que la pondeuse
revienne au même endroit, et lorsqu'on voit celle-ci manifester
le désir de couver, sa première ponte étant d'ailleurs terminée,
on lui rend ses œufs si l'on veut la charger d'élever elle-même
sa famille. L'oie est très-bonne couveuse, néanmoins dans
beaucoup de localités, on préfère donner ses œufs à des poules
afin de prolonger sa ponte. Une poule peut couvrir au plus six
œufs d'oie. Ces œufs sont en effet fort gros, assez allongés, à
coquille solide et d'ailleurs parfaitement blancs. Quoique moins
délicats que les œufs de poule ils sont fort bons à manger.
Leur poids moyen dans la race de Toulouse est de 155
grammes.

On place à portée de la couveuse de l'eau et des aliments, et
on la laisse adminis trer elle-même ses affaires, sous la protec-

tion de son mâle, qui dès lors ne la quitte plus. Après quelques
jours d'incubation, on mire les œufs par transparence pour réformer tous ceux qui ne présentent pas les caractères du développement embryonnaire. C'est du vingt-septième au trentième
jour que les petits éclosent, suivant que les œufs sont plus ou
moins frais, et si l'incubation a été faite par une oie. Sous la
poule, ce n'est ordinairement pas avant le trentième et quelquefois le trente-deuxième jour que l'éclosion a lieu.

C'est à ce moment que le jars redouble de sollicitude et de
vigilance, mais c'est le moment aussi où, dans beaucoup de pays,
on le sacrifie comme désormais inutile. On compte alors sur les
jars de la couvée pour féconder les femelles au printemps prochain. Cette coutume nous paraît vicieuse, car c'est à l'âge de
deux ans que l'oie, mâle ou femelle, est complétement adulte
et présente, par conséquent, les meilleures conditions pour la
reproduction. Un bon jars peut servir plusieurs années et il n'y
a aucun avantage à le supprimer trop tôt. Il est de beaucoup
préférable de livrer les jeunes mâles à l'engraissement, jusqu'à
ce qu'on ait reconnu la nécessité d'en élever de nouveaux
pour remplacer les anciens.

Pendant toute la durée de l'incubation, on ne donne à manger à la pondeuse qu'une fois par jour du grain, du son mouillé,
de l'herbe; on la laisse se lever, une fois par jour aussi, pour se
baigner, si elle a de l'eau à proximité, et pour se vider hors du
nid.

Aussitôt que l'éclosion commence, on enlève les petits et on
les place dans un panier garni de laine auprès du feu, ou au
soleil, en ayant soin qu'ils ne reçoivent pas directement les
rayons solaires. La précaution d'enlever les petits éclos est
indispensable parce que la mère, aussitôt qu'elle s'aperçoit
qu'un de ses oisons a brisé sa coquille, s'imagine que son rôle
de couveuse est fini et abandonne souvent dix ou douze œufs
près d'éclore, pour conduire les deux premiers oisons éclos, et
une fois qu'elle a quitté son nid, elle n'y rentre plus. C'est donc
seulement après que les éclosions sont terminées, et ordinaire-

ment le lendemain seulement qu'on rend les petits à leur mère qui en prend dès lors le plus grand soin.

A Toulouse et dans les environs, on met les oisons dans les grands vases de bois qui servent à transporter la vendange. On les recouvre d'une étoffe de laine, en cas de froid, ou d'un linge de toile pour les abriter du soleil.

V

ÉLEVAGE DES OISONS

Les oisons ne doivent en général pas sortir avant le huitième jour de leur naissance, cependant, si le temps est très-beau, on peut les laisser prendre l'air vers le sixième, à la condition expresse qu'ils ne seront pas mouillés et qu'on les préservera d'une insolation trop violente. Tous les ans, des troupeaux d'oisons tout entiers sont détruits par un orage imprévu qui surprend les jeunes familles avant qu'elles ne soient emplumées.

En naissant, les oisons sont couverts d'un duvet d'un jaune brunâtre ou verdâtre qui les abrite fort mal contre les intempéries de l'air. Mouillé, ce duvet imprégné d'une matière mucilagineuse se colle, s'agglutine et l'oiseau périt.

Vingt-quatre heures après leur naissance, les petits doivent recevoir leur première nourriture qui, pendant quelques jours, se compose d'œufs durs hachés avec des pousses d'orties. On leur donne aussi des pâtées de son et mieux de recoupe, ce qui les nourrit beaucoup plus, des pommes de terre cuites et écrasées; mais le meilleur régime paraît être un mélange de farine de blé, avec du son et des herbages hachés très-menu. L'ortie est, sans contredit, la plante qui leur plaît et leur convient le

plus ; le suc âcre dont sont remplies les vésicules de sa feuille
agit comme un salutaire stimulant sur l'estomac souvent
assez paresseux de l'oison. Sous l'influence de cette nourriture
excitante, les facultés digestives se développent bientôt d'une
manière remarquable, aussi est-on obligé de donner à manger
cinq ou six fois par jour aux jeunes oies. Pour cela, on les retire du vase ou panier qui leur sert de nid, et on leur fait
une distribution de pâtée, à terre, devant la mère qui montre
aux petits comment on s'y prend pour manger.

Lorsqu'on élève des oies en grand nombre, l'obligation où
l'on est de hacher des herbes en abondance, et surtout des orties, ne laisse pas que d'être pénible.

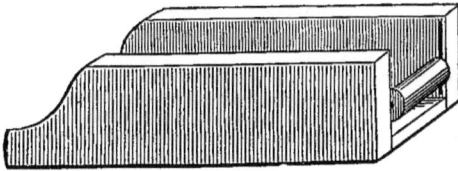

Fig. 13. — Coupe-feuilles.

Mais cette opération est singulièrement facilitée par un petit
appareil très-simple, le *coupe-feuilles*, qui est absolument indispensable lorsqu'on opère en grand.

C'est une petite caisse en bois fixée à demeure sur une table
par des vis, et portant à sa partie antérieure un rouleau mobile sur des tourillons. On place dans la caisse une poignée
d'orties dont on engage l'extrémité sous le rouleau. On pousse
alors les plantes avec la main gauche et on les tranche avec un
couteau bien affilé à mesure qu'elles sortent de l'appareil, sous
le rouleau (Fig. 13).

L'ortie est de toutes les plantes connues celle qui paraît con-
venir le mieux aux oisons. Elle est assez abondante à peu près
partout et sa croissance est assez rapide pour qu'on ne soit pas
embarrassé pour la trouver. De plus, elle est précoce et pousse

7

sur tous les terrains. Cependant, si par un grand hasard, on
n'en trouvait pas à sa disposition, on pourrait la remplacer par
des laiterons, des ravenelles, mais elle est d'un emploi assez important dans l'élevage des oies, des canards et des dindons pour
mériter, au besoin, qu'on en fasse une culture spéciale lorsqu'on
veut nourrir un grand nombre de ces oiseaux, d'autant qu'elle
a, même pour les hommes, des qualités alimentaires très-recom-
mandables. Convenablement *blanchie* dans l'eau bouillante,
l'ortie fournit d'excellents *épinards* jouissant de toutes les pro-
priétés stimulantes qui la rendent chère et précieuse aux
oisons.

A l'âge de six à huit jours, on peut laisser sortir les oisons au
milieu du jour, si le temps est beau. Dès quinze jours, on peut
les laisser vaguer dans la basse-cour ou autour de la maison,
sous la surveillance de la mère et du père. Ils trouvent déjà
dans leurs courses un important supplément de nourriture. On
doit toujours éviter qu'ils reçoivent l'eau des pluies, de même
qu'un soleil trop ardent. Néanmoins, on peut les envoyer baigner tous les jours. On leur continue la nourriture aux pâtées
de son ou de recoupe, mais chaque soir, à la rentrée, on
leur distribue une ration d'herbes coupées plus ou moins
menu, suivant l'âge des oisons, et entières lorsque ceux-ci sont
assez forts pour les diviser eux-mêmes. A ce moment on peut
cesser le régime du son et des recoupes, mais il importe alors de
fournir aux élèves un vaste parcours et de les envoyer au pâturage sur les chaumes. Si le troupeau est peu considérable, il
peut trouver le long des murs, sur le bord des routes, dans les
fossés, des ressources suffisantes. S'il est nombreux, il faut
l'envoyer aux champs, où il trouve après les récoltes assez de
graines pour prendre un bon état de chair et se bien préparer
à l'engraissement.

VI

ENGRAISSEMENT DES OIES.

On engraisse en général les oies à deux époques de l'année, en été et en automne. C'est dans cette dernière saison qu'on obtient les meilleurs résultats, à l'apparition des premiers froids, au commencement de novembre, mais pas plus tard, parce que l'engraissement durant de trente à quarante jours, on pourrait atteindre ainsi le moment où quelques oies entrent en amour, ce qui les rend réfractaires à toute tentative d'engraissement.

L'oie est de tous les oiseaux domestiques celui qui prend le mieux la graisse, mais elle a besoin d'une préparation qui la mette en bon état de chair. Cet état obtenu, il y a tout avantage à pousser l'engraissement à sa dernière limite, car la graisse d'une oie très-grasse est beaucoup plus fine et délicate, outre qu'elle est plus abondante que celle d'une oie demi-grasse. Elle a une valeur bien plus considérable et la chair de l'oiseau gagne en même temps en blancheur et en fumet.

La meilleure préparation à l'engraissement est le grain, notamment l'avoine, le sarrasin, le maïs qu'on donne aux oies pendant une quinzaine de jours à leur retour des champs. C'est parce qu'elles trouvent des graines dans les chaumes que les oies s'y préparent mieux à la graisse que sur les herbages et dans les prairies. On peut aider encore cette préparation en donnant à boire de l'eau blanchie avec une poignée ou deux de farine ou de recoupe.

Le régime des betteraves crues et coupées, qui a l'avantage d'être très-économique, ne nous paraît pas, quoique donnant déjà des résultats satisfaisants, valoir l'alimentation préparatoire au grain, et ne dispense pas de donner chaque jour, au

moins une fois, un peu d'avoine, à moins qu'on n'envoie les
oiseaux sur les chaumes.

Les jeunes oies s'engraissent mieux et plus facilement que
les vieilles. C'est l'âge de six mois environ qui est le plus favorable. Les mâles donnent plus de poids, et sont plus gros,
mais les femelles ont la chair plus fine et plus blanche, surtout
si on ne les laisse pas se meurtrir pendant la durée de l'engraissement et si on les saigne convenablement au moment de la
vente.

On peut d'ailleurs engraisser les oies dans deux buts différents : ou pour les livrer à la consommation tuées, plumées et
parées pour la table, ou bien pour les vendre vivantes. Dans
le premier cas, on leur enlève les plumes du ventre qu'elles salissent toujours en se couchant ; dans le second, on les laisse
en plumes, mais on est tenu de leur renouveler chaque jour
leur litière, afin de les maintenir dans le plus grand état de propreté possible.

Les procédés d'engraissement varient suivant les localités,
le nombre des animaux qu'on a à traiter et le but qu'on se
propose, engraissement complet ou demi-engraissement.

Le plus simple de ces procédés, mais celui qui donne les résultats les moins satisfaisants, consiste à placer les oies dans
un espace restreint, sombre mais sec, et à leur donner trois
fois par jour de l'avoine, dans de petites augettes longues, en
bois, qu'on enlève aussitôt le repas terminé. Puis, on leur
donne à boire, après chaque repas, de l'eau blanchie avec un
peu de farine. Il est nécessaire de renouveler fréquemment la
litière.

Lorsque chaque oie a absorbé ainsi vingt litres d'avoine, elle
est demi-grasse, et c'est le seul résultat qu'on puisse obtenir
économiquement avec l'avoine. Vouloir pousser l'état de
graisse plus avant serait inutile, car il faudrait alors beaucoup
de temps, par conséquent beaucoup de grain, et cette pratique
deviendrait beaucoup plus coûteuse que l'usage des pâtées.
Celles-ci, quoique en apparence plus coûteuses, amènent

bien plus rapidement les oies à un état de graisse complet et il
y a, quand on veut arriver à ce résultat, tout avantage à les
employer ; d'autant plus que, même avec le temps et une consommation considérable d'avoine, on n'obtient jamais, de cette
manière, d'aussi beaux produits.

Néanmoins, on peut commencer l'engraissement par le régime
de l'avoine continué pendant six, sept ou huit jours, et le com-
pléter à l'aide de pâtées composées de pommes de terre, de
raves bouillies, de fèves, de pois cuits et écrasés, mêlés avec du
pain et du lait caillé ou du lait doux. Enfin, on le parfait, au
besoin, avec des pâtées de farines d'orge, de maïs ou de sarrasin
employées pendant cinq ou six jours ; ou mieux encore, on
empâte l'oie deux fois par jour, après ses repas, et son appétit
satisfait, avec sept ou huit pâtons de farine et de pommes de
terre ou de farine de maïs, ou simplement avec des grains
de maïs ramollis dans l'eau chaude et salée.

Ce régime mixte fournit de beaux produits dans un espace de
temps qui varie de vingt à trente jours.

Le procédé de l'*épinette*, tel qu'on l'emploie pour les poulets,
n'est guère appliqué aux oies, à moins qu'on en ait un fort petit nombre à traiter.

On sait que l'épinette consiste en une boîte divisée en un
certain nombre de compartiments. Chaque case est assez étroite
pour que l'animal qu'on y place n'y puisse prendre aucun mouvement et soit convenablement séparé de ses voisins, de manière
à ne les voir ni les entendre. La rapidité de l'engraissement
est intimement liée à l'état de repos absolu dans lequel se
trouve l'oiseau qui, pendant trente jours n'a d'autre occupation
que de dormir en digérant. Pour assurer ce résultat, on clouait
autrefois les oies sur le plancher de la case par les membranes
de leurs doigts et on leur crevait les yeux, de même qu'on bri-
sait les jambes aux pigeonneaux. On a partout renoncé aujourd'hui à ces procédés barbares ; on se contente de construire la case assez petite pour que l'animal n'y puisse remuer
et de placer les épinettes dans un lieu obscur. La nourriture

est administrée dans une augette disposée en avant de la case
et dans laquelle l'oie peut plonger, en passant sa tête entre les
barreaux de bois qui composent la paroi antérieure de sa case.

On emploie dans ce cas des pâtées de farine d'orge, de maïs
ou de sarrasin délayées dans du lait doux ou caillé, ou bien
des pommes de terre cuites et écrasées.

Dans une grande partie de la France, on engraisse les oies
dans des boîtes où elles sont réunies côte à côte, et sans presque pouvoir remuer, au nombre de dix à douze. Ces boîtes sont
d'ailleurs assez basses pour que les oiseaux, toujours couchés
sur le ventre, ne puissent se lever. Aussi, leur enlève-t-on
préalablement les plumes du ventre pour qu'elles ne les salissent pas. Les oies ne peuvent ainsi que passer la tête entre
les barreaux qui garnissent le devant de la boîte, pour puiser
dans des augettes peu profondes et portatives où l'on place, trois
fois par jour, la nourriture. Celle-ci se compose d'abord d'avoine
ou d'autres grains, qu'on mélange au bout de huit ou dix jours
avec des pâtées de farine d'orge, de maïs ou de sarrasin, ou
bien de betteraves, de pois ou de raves cuites. Après chaque
repas, on donne à boire du lait caillé mêlé d'un peu de son ou
de recoupe.

Les boîtes sont placées dans un lieu obscur, et on ne donne
du jour qu'au moment du repas. Tous les deux jours, on enlève
les plafonds pour renouveler les litières.

Par ce procédé, on obtient en 18 ou 20 jours, un bon état de
demi-engraissement.

Pour obtenir l'état de graisse le plus complet et notamment
celui dans lequel le foie prend ce développement phénoménal
et d'ailleurs morbide, qui constitue ce produit si recherché
sous le nom de *foie gras*, il faut user de l'empâtement par
abecquement ou *emboquement* tel qu'on le pratique à Toulouse
et à Strasbourg.

Industrie de Toulouse. — A Toulouse et dans le bassin de
la Garonne, dans les départements de la Haute-Garonne, de
Tarn-et-Garonne, une partie du Gers et de l'Ariége, pays où

l'on élève en grand cette belle race d'oie que nous avons décrite sous le nom d'oie de Toulouse, il s'est établi une industrie importante qui se développe de jour en jour et qui sait tirer de l'oie tout le parti possible.

On n'élève pas, en général, aux environs de Toulouse, des troupeaux d'oies très-considérables, mais presque tous les petits cultivateurs en entretiennent un certain nombre, de vingt à quarante sujets, que l'on envoie paître dans le jour sur les trèfles et les chaumes et que l'on engraisse ensuite presqu'exclusivement avec du maïs, de sorte que cette industrie, toujours lucrative d'ailleurs, est d'un produit variable, suivant le prix plus ou moins élevé du maïs.

Nous devons à M. Labouilhe, l'un des plus habiles éleveurs de Toulouse et lauréat de toutes nos expositions pour ses magnifiques sujets en oies, canards et dindons, les renseignements les plus précis sur l'industrie toulousaine et nous en extrayons les détails suivants :

L'engraissement se fait, à Toulouse, à deux époques de l'année : en été, pour obtenir de la viande fraîche qui se vend par quartiers sur les places et les marchés, en automne pour obtenir les *oies de salé*. Ce dernier engraissement est le plus généralement mis en pratique. On le commence à la fin d'octobre pour le continuer une trentaine de jours environ. Mais si l'on veut le pousser à sa dernière limite, on le prolonge pendant six semaines.

Dans le cas où l'on veut obtenir cet état de graisse extraordinaire, il faut surveiller attentivement les oies parce qu'elles peuvent mourir étouffées, surtout si la température vient à s'adoucir. Quelquefois aussi, une résorption de la graisse s'opère et l'animal perd beaucoup de sa qualité et de son poids. On dit alors dans le pays que l'oie est *morfondue*. On la voit respirer avec la plus grande difficulté, elle ne peut plus faire aucun mouvement; c'est le moment de la tuer, car elle a acquis toute la graisse possible et lui continuer le régime la ferait dépérir rapidement et bientôt même mourir.

La nourriture qui sert presqu'exclusivement dans ce pays à l'engraissement est le maïs souvent donné à sec, quelquefois gonflé par quelques heures de macération dans l'eau. Trente litres de maïs par tête suffisent pour produire l'état de graisse parfait. Les oies sont d'ailleurs renfermées dans un espace restreint et obscur, mais on les gave deux ou trois fois par jour, suivant que l'on veut pousser plus ou moins l'engraissement. On se sert pour cela d'un entonnoir dont le tube est taillé en forme de bec de flûte et arrondi pour ne pas blesser l'animal. La fille de basse-cour prend chaque oie, l'une après l'autre, entre ses genoux et, lui ouvrant le bec d'une main, lui introduit doucement l'entonnoir dans l'œsophage, puis elle y pousse les grains de maïs avec un petit bâton ou un fouloir à cet usage. Une femme exercée peut gaver une oie en cinq ou six minutes. De temps en temps, elle fait boire aux animaux un peu d'eau salée. Pendant cette opération, tous les deux jours on renouvelle la litière. Ainsi traitée, l'oie atteint un poids de dix à onze kilogrammes au plus et de huit à neuf au-moins. La paire d'oie pèse ordinairement vingt kilogrammes. Le foie augmente de trois à six fois dans son volume et son poids atteint souvent cinq cents grammes. Dans cet état d'hypertrophie adipeuse, le sang de l'oie se décolore, comme le foie et le tissu musculaire, surchargés qu'ils sont de globules graisseux. Les déjections elles-mêmes sont grasses. En un mot l'oie sue la graisse par tous les pores.

Les vieilles oies engraissent plus facilement que les jeunes, mais leur chair est beaucoup plus dure, quoique leur graisse ait les mêmes qualités de goût.

Les produits de l'élevage des oies dans le bassin de la Garonne sont les suivants. La chair, d'abord, qui se mange fraîche ou salée. Fraîche, on la débite par quartiers pendant presque toute l'année sur les marchés de Toulouse. « Quant au salé, dit M. Labouilhe, il sert aux pots-au-feu de nos ménages. La graisse fondue conservée dans des pots de grès est préférable, à cause de sa saveur, à l'huile d'olive la plus fine. C'est peut-être

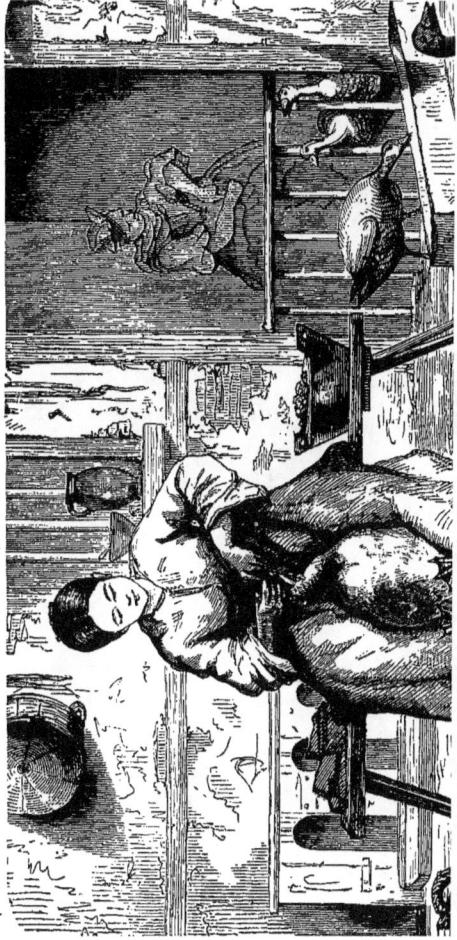

pour cette raison que, dans nos pays, la cuisine se fait peu au beurre, le palais de nos gourmets étant habitué à la finesse de la graisse d'oie et de canard. Les foies d'oies engraissées sont énormes et servent à faire de bons pâtés, mais qui sont bien au dessous de ceux faits avec les foies de canard (ce qui est encore une industrie toulousaine). Enfin un autre produit de l'oie c'est la plume et le duvet qu'on enlève une seule fois pendant la vie de l'oie, en juillet, et une seconde à la mort de l'animal. Le poids qu'on en obtient est de 500 grammes par tête. »

D'ailleurs l'industrie de l'élevage des oies, se trouve, dans les départements garonnais, entre les mains de quatre catégories d'éleveurs. Les premiers se bornent à faire des éclosions en grand nombre, la plupart sous des poules pour vendre les oisons âgés de huit jours à d'autres éleveurs qui les gardent tout l'été, les envoient au pâturage, et en général ne les engraissent pas eux-mêmes, mais les livrent en automne aux engraisseurs proprement dits. Ceux-ci les vendent à leur tour, après l'engraissement, pour la préparation du salé. Le salé d'oie se prépare d'ailleurs comme le salé de porc. Enfin, d'autres producteurs élèvent et engraissent les oies à peu près à toutes les époques de l'année pour en détailler la viande à l'état frais sur les marchés.

Dans le cercle d'approvisionnement des grandes villes, de Paris notamment, on prépare en général peu d'oies salées. Elles sont livrées à la consommation toutes fraîches et parées pour la table. Quiconque a tant soit peu fréquenté à Paris, par exemple, les marchés à la volaille, dans les mois de décembre et de janvier principalement, sait quelle immense quantité d'oies grasses y arrivent et s'y vendent tous les ans. Les prix de huit à douze et même quinze francs la pièce, suivant le poids, sont des plus rémunérateurs et la facilité de la vente doit encourager les éleveurs à donner à cette industrie le développement qu'elle mérite.

Dans les environs de Paris, la viande d'oie débitée par quar-

tiers se vend de 1 fr. 70 à 2 fr. le kilog., ce qui porte le prix
au détail d'une oie de Toulouse convenablement parée à 15
ou 20 francs. Rôtie, l'oie devient, bien plus que les poulets,
une source de fortune pour les rôtisseurs, lesquels recueillent
encore et vendent à raison de 2 fr. le kilog. souvent 3 kilog. de
graisse fondue.

Dans certaines parties de la France on engraisse les oies par
la méthode toulousaine, seulement les ressources locales ne
permettent pas toujours d'employer le maïs ; on se sert de
pâtées de farines d'orge ou de sarrasin, ou de pommes de terre
cuites, les unes et les autres délayées dans du lait caillé. On
donne à la masse une consistance assez grande pour pouvoir
la diviser en *pâtons* de la grosseur du doigt, à peu près, qu'on
ingurgite aux oies, soit avec l'entonnoir, soit même avec la
seringue à saucisses des charcutiers. Cette seringue sert alors à
débiter des pâtons comme elle débite des saucisses chez les
charcutiers. On en garnit l'extrémité d'un tube en bec de flûte
qu'on introduit dans la gorge de l'animal. On peut ainsi opérer
d'une manière assez expéditive.

Industrie de Strasbourg. — En Alsace, principalement à
Strasbourg et dans les environs, on engraisse les oies sur une
assez grande échelle, et l'on cherche principalement à produire
l'hypertrophie graisseuse du foie. C'est à cette industrie que
l'on doit les fameux pâtés de foie gras de Strasbourg.

La méthode employée est à peu près celle de l'épinette, avec ce
perfectionnement que la partie postérieure du plancher de chaque
case est à clairevoie ou bien percée d'une ouverture demi-cir-
culaire qui permet aux déjections de l'oie prisonnière de tomber à terre, au dehors, sans salir sa litière. La paroi antérieure
est percée d'une autre ouverture longitudinale par laquelle l'oie
passe sa tête, pour barboter dans une augette placée en dehors
et pleine d'une eau dans laquelle on met souvent en suspension
du charbon de bois pulvérisé (Fig. 15).

On gave les oies deux fois par jour, soit à la main, soit à
l'aide de l'entonnoir, avec du vieux maïs qu'on a mis dès la

veille gonfler dans l'eau, ou même avec du maïs sec. On y
ajoute un peu de sel et parfois une petite gousse d'ail. Après

Fig. 15. — La prison.

chaque repas, on laisse les oies en liberté pendant quelques
minutes, puis on les replace dans l'épinette jusqu'au prochain
repas. Ces épinettes sont d'ailleurs établies dans un lieu

sombre, tranquille, et à une température douce et uniforme.

Après vingt ou vingt-deux jours de ce traitement, on admi-
nistre aux oiseaux une cuillerée par jour d'huile d'œillette.

Fig. 16. — La mort.

Ce mode d'engraissement produit ordinairement le résultat
désiré en 24 ou 25 jours. Quelquefois cependant, dès le dix-
huitième jour, le foie a pris le développement recherché, mais

quelquefois aussi l'oie, dont les fonctions digestives et respiratoires ne s'accomplissent qu'avec la plus grande difficulté, ne
peut parvenir au maximum de l'engraissement, et l'animal pé-
rirait si l'on ne le tuait aussitôt.

L'engraissement complet, on tue les oies, on les plume et on les
vide. Le foie est extrait et vendu aux pâtissiers à des prix ex-
cessivement élevés, car un foie du poids de 500 gr. est souvent
vendu, à Strasbourg même, de 5 à 6 francs. On arriverait bien
plus souvent à ce résultat remarquable, si l'on élevait d'une
manière plus générale l'oie de la grosse espèce, l'oie de Toulouse, dont l'aptitude à l'engraissement est bien plus grande,
ainsi que la faculté de résistance au régime forcé de l'engrais. (Fig· 16).

La viande est en général livrée en détail à la consommation,
soit fraîche et crue, soit rôtie. Dans ce dernier cas, la graisse
est recueillie lors de la cuisson et vendue à part.

Cette industrie, en y joignant le produit de la plume et des
pâtés, rapporte à la contrée qui en est le siége plus d'un million
par an.

Comme à Toulouse, d'ailleurs, elle se répartit entre divers
industriels, éleveurs qui produisent des oies maigres, engraisseurs qui achètent ces dernières et les engraissent, et enfin pâtissiers qu'il convient de citer à part, en raison de la valeur
vénale considérable des produits qui sortent de leurs mains.

Malgré tout le développement qu'a acquis cette industrie
nous lui préférons celle de Toulouse qui donne des résultats
plus constants, ce qui est dû, en grande partie, il est vrai, à la
race remarquable qu'elle cultive. Mais nous reprochons précisément aux engraisseurs alsaciens de s'en tenir trop souvent à
la race commune, lorsqu'ils pourraient adopter la race toulousaine qui réussit également bien par toute la France, et qui,
tous frais déduits, donne des produits plus considérables.

VII

MALADIES DES OIES.

Les oies sont des oiseaux robustes et peu sujets aux maladies, cependant elles sont exposées à diverses affections, dont quelques-unes assez légères pour pouvoir être guéries avec avantage, et quelques autres au contraire, assez graves pour porter atteinte, même après guérison, aux conditions physiologiques nécessaires à l'engraissement utile.

Dans tous les cas, le principal soin de l'éleveur doit être de préserver les oies, comme tous les oiseaux de basse-cour, des quelques maladies qui peuvent les frapper, et le meilleur moyen consiste à loger ses élèves dans des locaux sains, convenablement aérés, à les tenir dans un état de propreté aussi complet que possible, à leur fournir une bonne nourriture, variée, appropriée à leurs goûts et à leurs besoins, en un mot à observer toutes les prescriptions générales de l'hygiène que nous avons résumées précédemment.

La *pépie*, qui est une inflammation ulcéreuse des premières voies, attaque les oies comme les poules. Elle est due le plus souvent à la privation d'eau ou à un refroidissement. Elle se manifeste par une sorte de chancre et la production de fausses membranes blanches et assez résistantes, dans la gorge ou sous la langue. Cette maladie représente assez bien, à notre avis, l'angine couenneuse si redoutable chez l'homme, tant par la production rapide des membranes blanches, couenneuses, qui obstruent les voies respiratoires et amènent rapidement l'asphyxie, que par un caractère contagieux bien manifeste.

Toutes les fois que chez les animaux de basse-cour, oies, canards, poules ou pigeons, le siège de la production membraneuse, le chancre comme on dit, est assez peu profond pour être accessible aux moyens curatifs locaux, la guérison est presque certaine, à moins qu'on ne s'y prenne comme dans les campagnes où l'on arrache avec une épingle le cartilage qui forme le bout de la langue de l'oiseau, cartilage qui est normal et non morbide. L'animal ainsi opéré meurt presqu'infailliblement de cette blessure ou de faim, car sa langue déchirée l'empêche de manger.

Il s'agit tout simplement d'enlever la fausse membrane couenneuse, avec une tête d'épingle, un petit morceau de bois arrondi, un tuyau de plume, et de mettre à nu l'érosion ulcéreuse que l'on badigeonne deux ou trois fois par jour avec un pinceau trempé dans une solution astringente :

> Eau distillée . . . . 100 gr.
> Sulfate de zinc . . . . 0,10 cent.

Ou bien, dans les cas persistants.

> Eau distillée . . . . 100 gr.
> Azotate d'argent cristallisé . . . . 0,01 cent.

L'acide chlorhydrique, le borate de soude, le permanganate de potasse, l'acide phénique ou les nombreuses préparations qui le renferment donnent aussi d'assez bons résultats.

La diarrhée et la constipation sont des maladies qui sont dues à un régime vicieux et qui se guérissent en changeant ce régime.

La diarrhée résulte le plus souvent d'une nourriture herbacée trop aqueuse ou même mouillée, mais quelquefois elle est le produit d'une affection vermineuse. Elle se guérit alors avec les substances vermifuges ordinaires, l'absinthe, la tanaisie, la gentiane, qu'on ajoute avec un peu de poudre de charbon dans l'eau que boivent les oies.

La dyssenterie est un degré plus intense de la diarrhée qui accuse une inflammation des intestins. Dans ce cas comme dans le précédent, il faut séquestrer les malades et dans leur pâtée, assez liquide, de son, de recoupe ou de farine d'orge, on incorpore de la poudre de charbon de bois finement tamisée.

La constipation, qui résulte le plus souvent d'un régime exclusif au grain trop longtemps continué, peut être produite mécaniquement par des pelotes formées des débris de l'avoine dont la partie amylacée a été digérée, mais dont les enveloppes se sont agrégées et ont obstrué le cloaque. On introduit un peu d'huile dans le cloaque ou bien on divise avec le doigt les pelotes qui l'obstruent et on 'remplace le régime à l'avoine par une nourriture plus herbacée. Si la saison ne permet pas de supprimer l'avoine, on donne des repas plus nombreux et moins copieux, afin que la masse stercorale soit naturellement divisée.

Un purgatif composé de 2 ou 3 grammes de sulfate de soude dans une grande cuillerée d'eau réussit parfaitement.

Le *vertige* est une maladie assez fréquente et due en général à une insolation trop prolongée. Il peut résulter soit d'une apoplexie partielle, soit d'une méningite ou inflammation des enveloppes du cerveau. Le symptôme le plus apparent de cette maladie, quel que soit son siége, est un tournoiement presque continuel ; l'animal paraît ivre.

On saigne les oiseaux à une veine très-apparente qui se trouve sous l'aile, ou bien à une autre, placée sur la membrane des doigts, mais la première donne plus de sang. Cette opération guérit rarement d'une manière complète et le mieux est alors de sacrifier l'oiseau qui est fort bon pour la consommation. On peut obtenir des guérisons, quand la maladie est prise à temps, mais l'avenir de l'animal est compromis et son engraissement presque certainement impossible.

L'empoisonnement par la ciguë, la jusquiame, la morelle, la belladone et différentes solanées vénéneuses produit à peu près les mêmes symptômes, accompagnés de chutes, les ailes étendues, de convulsions plus ou moins violentes. Le lait chaud administré en abondance suffit presque toujours pour guérir cet accident, lorsqu'on peut le reconnaitre à temps.

Les orties attaquées par les pucerons peuvent aussi causer des désordres analogues chez les oies qui s'en nourrissent. On les guérit en faisant boire de l'eau saturée de chaux.

Enfin, nous recommandons comme nous l'avons fait à propos des pigeons, de veiller à ce que le local habité par les oies ne soit pas envahi par la vermine, principalement par l'acare dont on se défait avec la plus grande difficulté et seulement par des badigeonnages répétés avec le goudron de houille sur les parois, les murailles, tous les objets qui sont en contact avec les oiseaux.

VIII

PRODUITS DE L'ÉLEVAGE DES OIES.

Ainsi qu'on a pu en juger par les détails qui précèdent, les produits que fournissent les oies sont multiples et divers suivant les localités. C'est d'abord l'oie elle-même à un état plus ou moins complet d'engraissement, qui trouve sur tous les marchés un débouché certain. Pour ne citer qu'un seul exemple de l'importance de ce commerce, disons qu'il se consomme dans Paris, pendant la seule nuit de Noël, environ 400,000 kilogrammes d'oies grasses.

Le commerce de détail, dans certaines localités où l'oie s'élève en grand, prend une importance notable aussi. Les oies sont alors débitées par quartier et vendues à raison de 1 fr. 20 à 1 fr. 80 le kilogramme.

La graisse recueillie pendant la cuisson de l'oiseau, et qui peut atteindre presque le tiers du poids de l'animal, offre encore un surcroît de bénéfices. Elle se conserve fort longtemps

sans perdre de ses qualités et remplace complétement le beurre
dans certains pays, ainsi que nous l'avons vu. Mais, même dans
les localités où l'usage du beurre est très-répandu, où celui du
saindoux ou graisse de porc n'est pas moins général, à Paris,
par exemple, la graisse d'oie trouve encore un débouché considérable et assez peu connu. Les restaurateurs l'emploient en
grande quantité et s'en servent pour le marinage de la
viande de bœuf qui prend à ce contact un fumet particulier et
des plus délicats, en même temps qu'elle s'attendrit beaucoup.
C'est ainsi qu'avec un morceau de bœuf quelconque on fabrique à Paris une grande partie du *filet* de bœuf qui s'y consomme journellement, et ce n'est pas le plus mauvais.

L'oie salée n'est d'un usage répandu que dans certains départements de la France, du Midi particulièrement, où elle
remplace à peu près le porc salé et le lard, si généralement
employés dans toutes nos campagnes. Mais une exportation
assez considérable de cette excellente matière alimentaire se
fait tous les ans pour l'Angleterre, la Belgique, la Hollande,
la Prusse septentrionale, les villes hanséatiques et même l'A-
mérique du Nord, au prix moyen de 1 fr. 20 le kilog.

On prépare même une notable quantité d'oies fumées qui se
consomment peu en France, mais ont, pour la plupart, la
même destination que les oies salées et se vendent au même
prix. Cette industrie des oies fumées acquiert une certaine
importance dans certaines parties de l'Europe. Les poitrines
d'oies fumées de Poméranie ont en Allemagne, en Suède, en
Danemark, dans tout le nord de l'Europe, une réputation mé-
ritée qui même pénètre en France.

La préparation de l'oie salée et de l'oie fumée se fait absolument comme celle du porc. Aussitôt l'animal parvenu à son
maximum de graisse, on le tue, le saigne et le plume avant
qu'il soit refroidi. Cette opération terminée, on l'écorche et
avec la peau on enlève une épaisse couche de graisse à laquelle
on ajoute celle qui abonde dans l'épiploon et autour des intestins. On hache la peau et la graisse, et on les fait fondre dans

un pot de fer. La graisse fondue et éclaircie, on la passe à
travers un tamis, on l'empote et on obtient ainsi cette fameuse
graisse d'oie de Toulouse dont nous avons déjà parlé, dont le
goût est si fin et qui, composée surtout d'oléine, est liquide et
limpide comme de l'huile d'olive et ne se solidifie même pas
en hiver.

La viande débitée par morceaux est alors mise au saloir.
Quand elle a pris suffisamment le sel, on la retire et on l'ex-
pose à l'air sec.

Pour préparer l'oie fumée, on opère comme précédemment,
mais la viande dégraissée est soumise à l'influence de la fumée, après avoir subi une demi-salaison et souvent même une
demi-cuisson. Pendant les premiers jours de boucanage, on
ajoute au bois quelques plantes aromatiques.

Enfin, on conserve dans les ménages toulousains une quantité considérable de viande d'oie par l'immersion dans la graisse
fondue. La viande dégraissée et débitée par morceaux est
soumise à une demi-cuisson, puis convenablement salée, poi-
vrée et épicée. Après quoi, on en remplit de grands pots de
grès, puis on verse par dessus la graisse préparée comme nous
l'avons indiqué. Enfin, avec la peau de certaines parties, on
prépare différents produits, par exemple, des saucisses et des
saucissons qui ont pour enveloppe la peau du cou de l'oie.

Ce procédé constitue un des meilleurs moyens de conservation de la viande d'oie qui acquiert, par ce marinage prolongé dans la graisse, une finesse et un parfum des plus
remarquables. C'est là une des ressources les plus importantes
des ménages à Toulouse et dans les environs. Il n'est pas rare
que des maîtresses de maison préparent ainsi cinquante à
soixante oies par saison, et il est très-regrettable que cet
excellent produit ne soit pas d'un usage plus général, car il est
incontestablement supérieur au porc conservé par les procédés
ordinaires ; son prix de revient, dans les conditions d'une exploitation bien entendue, n'est pas supérieur.

Pâtés de foies gras. — Nous avons déjà parlé du foie gras

d'oie et tout le monde sait ce qui se fabrique à Toulouse, et surtout en Alsace de pâtés et de terrines de foies. Les premiers essais de cette préparation succulente remontent aux Romains. Métellus Scipion eut l'honneur d'inventer les foies gras gonflés dans le lait miellé. Le poëte Martial a, si nous ne nous trompons, célébré le premier les mérites de cette invention culinaire que le pâté de Strasbourg a de beaucoup dépassée. Un avocat de Strasbourg, M. Gérard, a publié une histoire du pâté de foies gras qu'avaient pressenti les Romains, et nous extrayons de son livre l'anecdote suivante :

« Le maréchal de Contades, commandant à Strasbourg de 1762 à 1788, craignant de se compromettre à la cuisine d'une province si nouvellement française, amena avec lui son cuisinier en titre du nom de Close, natif de Normandie. Il avait conquis le titre d'habile cuisinier. Close devina ce que le foie gras, si commun dans ces localités, pouvait devenir dans une main d'artiste et avec le secours de combinaisons classiques empruntées à l'école française, il l'a, sous forme de pâté, élevé à la dignité d'un mets souverain en affermissant et en concentrant la matière première, en l'entourant d'une douillette de veau haché menu qu'il recouvrait d'une cuirasse de pâte dorée et historiée aux armes de Contades.

« Le corps du pâté ainsi créé, il fallait lui donner une âme. Close la trouva dans les parfums excitants des truffes du Périgord. L'œuvre était complète.

« L'invention de Close resta un mystère de la cuisine de M. de Contades.

« Tant que dura son commandement d'Alsace, le pâté de foie gras ne franchit pas les limites de la cuisine aristocratique. Mais le jour de la publicité et de la vulgarisation approchait avec l'orage révolutionnaire qui devait déchirer tant d'autres voiles et ébruiter d'autres secrets. L'on était en 1788. Le maréchal quitta Strasbourg et fut remplacé par le maréchal de Stainville.

« Close, fatigué de servir un grand seigneur, et prévoyant

peut-être que les grands seigneurs allaient finir, aspirant d'ailleurs à l'indépendance et amoureux par-dessus le marché, se décida à rester à Strasbourg.

« Il fit la cour à la veuve d'un pâtissier français nommé Mathieu qui demeurait rue du Mésange et l'épousa. Il confectionna pour le public et vendit officiellement depuis lors des pâtés. C'est de ce modeste laboratoire que le pâté de foie gras est parti pour faire le tour du monde. »

Plume et duvet. — On a longtemps considéré comme une pratique barbare et nuisible celle qui consiste à enlever aux oies, à certaines époques de l'année, une partie de leur plumage. Ce préjugé résulte du peu d'attention avec laquelle cette opération est faite dans les fermes. Néanmoins, il est facile de prouver que le prélèvement de ce produit, qui entre pour un chiffre notable dans le revenu de l'élevage des oies et des canards, n'est point aussi inhumain qu'on le dit et, dans tous les cas, ne saurait être préjudiciable à la santé des oiseaux, s'il est fait suivant les règles indiquées par la nature.

Il est certain, en effet, que tous les oiseaux éprouvent à diverses époques de l'année, les uns une fois, les autres deux fois par an, le phénomène de la mue. A ce moment, ils perdent leur plumage qui est remplacé par un nouveau, et l'on sait de plus que la livrée revêtue aux différents âges de l'oiseau n'est pas toujours identique ; que dans le cas où il y a deux mues par an, la livrée de printemps n'est pas la même que la livrée d'automne. La mue, chez certains oiseaux, est presqu'insensible, tandis que chez d'autres elle est rapide. Les canards et les oies éprouvent précisément une mue brusque. En quelques jours, ils peuvent se trouver presqu'entièrement dépouillés de leur plumage, avant que la plume nouvelle ne soit complétement poussée.

Si, au moment où ces oiseaux vont perdre leurs plumes, ce qu'on reconnaît à ce que celles-ci tombent naturellement ou se détachent au moindre effort, si à ce moment on prévient la chute naturelle en dépouillant les oies et les canards d'une partie de leur duvet et de leurs plumes, il est évident qu'on ne leur cause aucun préjudice, puisqu'on ne fait que prévenir une opération qui se ferait naturellement. Cette opération d'ailleurs, bien qu'évidemment désagréable pour l'oiseau, est loin de lui être très-douloureuse puisque ces plumes qu'on arrache tombent à cette époque et sont *mûres*, suivant l'expression consacrée.

Il est donc d'un intérêt bien entendu de récolter, lorsqu'il en est temps, un produit d'une valeur assez considérable et qui serait perdu si on ne le récoltait pas. Mais il est évident, d'autre part, qu'il faut se conformer aux indications fournies par la nature, c'est-à-dire que :

Il ne faut opérer de levée de plume ou de duvet qu'au moment des mues et lorsque la plume est mûre et se détache naturellement ; lorsque l'oiseau ne peut en souffrir dans sa santé et dans son développement ; lorsque la privation d'une partie plus ou moins considérable de ses plumes ne peut compromettre la bonne venue de ses petits, s'il en a.

Il ne faut opérer la levée de plume et de duvet qu'avec modération, de manière à ne pas dépouiller par trop l'animal et à ne pas l'exposer à une brusque impression de froid.

Enfin, pendant les quelques jours qui suivent cette opération il faut avoir pour l'oiseau ainsi privé subitement d'une partie de son vêtement, quelques soins particuliers ; par exemple, le préserver du froid, l'empêcher d'aller à l'eau, le tenir à l'abri de la pluie, etc.

Donc, on ne doit pas plumer les oisons avant qu'ils aient passé les périodes critiques du premier âge. On a l'habitude de poser en principe qu'on ne peut les plumer sans danger avant qu'ils soient *croisés*, c'est-à-dire avant que leurs ailes se croisent par dessus le croupion. C'est ordinairement vers la fin de juin ou le commencement de juillet. Ils ont alors à peu près deux mois.

Une seconde levée peut être faite environ deux mois après, en septembre, mais pas plus tard, parce que le plumage ne serait pas suffisamment repoussé à l'apparition des premiers

froids. Outre que le manque de vêtement l'exposerait aux intempéries de la mauvaise saison, ce serait un obstacle à l'engraissement de l'animal, en novembre, car tout oiseau, pour
profiter complétement du régime de l'engraissement, doit être
bien en chair et bien en plumes au moment où il est soumis
à ce régime.

La dernière levée sera faite après la mort de l'animal.

Les vieilles oies peuvent être plumées une fois de plus, au
printemps, en mai, aussitôt que les oisons n'ont plus besoin de
la chaleur maternelle. La seconde et la troisième levée se font
comme pour les jeunes oies en juillet, puis en septembre. La
dernière après la mort.

Avant de plumer les oies, tant pour nettoyer les plumes que
pour rendre l'opération moins douloureuse, on doit envoyer les
oiseaux se baigner dans une eau propre. Après quoi on les mène
sur un terrain gazonné ou sur une aire couverte de paille
fraîche, afin qu'ils puissent se ressuyer sans se salir de nouveau.

Il ne faut jamais enlever les plumes des flancs qui soutiennent
le fouet de l'aile parce qu'alors l'aile traînerait à terre, ce qui
dépare beaucoup l'oiseau et le fatigue.

Il importe de ne recueillir la plume et le duvet que lorsqu'ils
sont *mûrs* ; outre que l'opération faite dans d'autres conditions
est très-douloureuse pour l'animal et le laisse à découvert dans
un moment où il n'y est pas physiologiquement préparé, la
plume ainsi recueillie est beaucoup plus gorgée de matières
animales putrescibles qu'à toute autre époque, elle se pelo-
tonne, s'agglomère, devient facilement le siége d'une fermentation putride qui lui donne une odeur désagréable et la rend
difficile à conserver. De plus, les insectes l'envahissent promptement.

De même, lorsqu'on plume une oie morte, il ne faut pas attendre qu'elle soit refroidie, car il se fait alors, par la matière
spongieuse qui remplit les tuyaux, une absorption considérable
des liquides séreux du bulbe sécréteur de la plume. Des inconvénients semblables à ceux qui suivent la récolte de plumes non

mûres ne tardent pas à se produire. Cette observation s'applique d'ailleurs à toutes les volailles plumées après la mort, quelles qu'elles soient, oies, canards, pigeons, poules, etc.

Pour assurer la longue conservation des plumes et du duvet, il faut leur faire subir quelques manipulations dont le but est de détruire la matière organique putrescible dont les tuyaux sont plus ou moins chargés, de séparer les pellicules dont ceux-ci sont revêtus à leur base et de détruire les insectes, poux, acares, œufs et lentes de parasites qui y sont presque toujours fixés en plus ou moins grande quantité.

Pour cela, on se borne généralement à étendre les plumes dans une pièce chaude et aérée dont on ouvre les fenêtres lorsque le temps est calme et sans vent, mais le meilleur moyen consiste à les enfermer, sans les fouler, dans des sacs qu'on place au four, après la cuisson du pain. On peut, au besoin, répéter deux fois cette opération qui a l'avantage de tuer d'une manière certaine tous les insectes parasites et leurs œufs, en même temps que de dessécher et de coaguler les matières albuminoïdes dont les tuyaux sont gorgés, les corps gras dont ils sont enduits, ce qui empêche la fermentation et la putréfaction. Mais comme cette opération, en vaporisant la plus grande partie de l'eau que contiennent tous les sucs séreux, a pour effet de diminuer sensiblement le poids de la plume, on s'en abstient trop souvent dans les fermes, et l'on se borne à placer les plumes dans des tonneaux ou des paniers et à les retourner de temps à autre, ce qui est insuffisant pour obtenir un produit de bonne conservation.

Après que la plume a été suffisamment desséchée, il convient de la battre avec des baguettes et de la secouer, pour détacher les pellicules et les membranes qui entourent les tuyaux.

Ainsi préparée la plume est sans aucune odeur et se conserve à peu près indéfiniment.

Les oies fournissent trois sortes de plumes ; le *duvet* qu'on retire principalement de l'abdomen, entre les cuisses, à l'artichaud et sous les ailes, les *plumes* qui proviennent de la poi-

trine et du cou, et enfin les *pennes* de l'aile et de la queue qui
fournissent les plumes à écrire.

Un oison convenablement plumé, deux fois pendant sa vie
et une fois après sa mort, peut donner 250 à 300 grammes de
duvet et de plume. Les oisons de petite race n'en donnent
souvent que 200 grammes, dont 150 de plume, environ, et 50
de duvet.

Les vieilles oies plumées quatre fois, trois fois pendant la vie
et une fois après la mort, donnent environ 300 grammes de
plume et 100 grammes de duvet, celles de la grosse race de
Toulouse donnent, en général, un poids total de 500 grammes.

Les prix de la plume et du duvet sont assez variables suivant
les localités. La première se paye de 5 à 6 fr. le kilogramme et le
second de 7 à 10 fr. La moyenne entre ces quatre chiffres est
9 fr. 50, et on peut évaluer en effet à 2 fr. 40 le produit annuel
d'un oison en plume et duvet, à 4 fr. 30 environ le produit
d'une oie.

Mais outre la petite plume et le duvet les oies fournissent
encore en moyenne dix plumes à écrire par an, lesquelles se
vendent aussi à raison de 9 fr. 50 le kilogramme, bien que ce
commerce ait beaucoup perdu de son importance depuis que
l'usage des plumes métalliques a pris l'extension considérable
qu'on lui connaît. Néanmoins la Russie, la Suisse, l'Italie et
plusieurs autres contrées de l'Europe en achètent encore annuellement plus de 10,000 kilogrammes à la France et surtout à
l'Auvergne qui a à peu près monopolisé cette industrie.

Les plumes à écrire sont l'objet d'une préparation particulière qui consiste à les *hollander*. Pour cela, on les dégraisse
en les plongeant dans de l'eau presque bouillante mélangée de
cendres, ou bien dans les cendres elles-mêmes chauffées, ou
enfin dans le sable pareillement chauffé. Mais le traitement par
l'eau de cendres est plus complet parce qu'il amène rapidement le tuyau à un état de ramollissement qui permet de le
nettoyer plus facilement. On aplatit le tuyau ainsi ramolli
contre le dos d'un couteau avec lequel on le gratte, pour en dé-

tacher les pellicules. On répète cette opération jusqu'à ce que le tuyau ait pris la transparence voulue. On le replonge encore dans de l'eau chaude alcaline et on le comprime entre les doigts pour lui rendre sa rondeur. Après quoi il n'y a plus qu'à faire sécher la plume.

Ailleurs, on se borne à couper le fouet de l'aile des oies mortes, pour en constituer les petits plumeaux naturels dont toutes les ménagères connaissent l'utilité.

Peaux d'oies dites *peaux de cygne*.—Dans le département de la Vienne, à Poitiers notamment et dans les environs, une industrie spéciale a pris un développement considérable, c'est celle du mégissage des peaux emplumées des oies, peaux qui sont en général vendues comme peaux de cygne, ou du moins sous ce nom, pour la fourrure.

Cette seule industrie des peaux mégissées fournit, suivant M. Ceroteau, de 50 à 60,000 fr. de produit, dans les années ordinaires, et de 120 à 150,000 fr. dans les années exceptionnellement bonnes, car l'élevage des oies se fait aussi dans ce département sur une vaste échelle et on n'en évalue pas les produits à moins de 1,500,000 fr., sans compter ceux de l'industrie du mégissage.

Les oies destinées à fournir des peaux au mégissage ne sont pas engraissées, parce qu'il serait, dans ce cas presqu'impossible de dégraisser leur fourrure d'une manière complète, à cause de la couche épaisse de tissu adipeux qui s'accumule sous la peau. De plus, le traitement qu'on fait subir à ces oiseaux les empêcherait de prendre la graisse. Enfin, on les sacrifie à l'époque généralement choisie pour l'engraissement.

En effet, au mois d'août et au commencement de septembre, on plume les oies et on les met à nu presque complètement, deux et même trois fois. Le duvet repousse, à cette époque, avec énergie, à cause de l'approche des froids, et la peau de l'oiseau se garnit rapidement d'un duvet fin et serré et d'autant plus qu'elle est plus découverte.

On tue alors les oies et on les écorche avec le plus grand soin

pour ne pas endommager ni ensanglanter le plumage. Pour
cela, on fend la peau sur le dos et on l'enlève avec précaution,
en la séparant le mieux possible du peu de graisse dont elle
peut être doublée. Cette opération est délicate et exige une certaine habitude.

Les peaux sont alors plongées pendant six heures dans de

Fig. 17. — Oie commune de Poitiers.

l'eau fraîche pour les faire dégorger, dissoudre le sang et les liquides dont elles sont gonflées. Au sortir de ce bain, on les sou-
met à l'action d'une dissolution contenant un kilogr. d'alun et
500 grammes de sel marin pour quarante litres d'eau. On les
malaxe avec la main, pendant quelques minutes, dans ce bain
chauffé à 50 degrés environ, après quoi on les y laisse tremper

8.

pendant douze heures, en les chargeant pour qu'elles ne surna-
gent pas.

On les retire alors, on les exprime légèrement pour faire
écouler la plus grande partie du liquide et on les étend à l'om-
bre sur des perches polies, pour les faire sécher, dans un courant d'air.

Toutes les trois heures environ, on les étend pour les assou-
plir et les empêcher de se raccornir. Puis, on les pose sur une
table, le duvet en dessous, et on gratte la face interne avec une
pierre ponce fine, pour en enlever les fibres et les débris de
tissu cellulaire.

Enfin, on dégraisse le duvet en enfermant les peaux dans des
sacs et les faisant sécher au four. On les bat alors avec des baguettes qui détachent la matière grasse desséchée, sous forme
de minces pellicules ou de poussières, et on réitère l'opération
tant que le battage fournit des poussières.

On peut encore, au lieu de la chaleur, employer les cendres
de bois blanc tamisées à travers un fin tissu de soie. On recouvre le duvet d'une couche de ces cendres et on laisse le contact
se prolonger pendant vingt-quatre heures. Les matières grasses
se saponifient au contact des alcalis de la cendre et sont absor-
bées par cette dernière. On enlève alors la cendre, et on bat les
peaux avec des baguettes, puis on les chauffe pour les battre
encore, et ainsi de suite jusqu'à ce qu'elles ne donnent plus de
poussières.

Les peaux d'oies ainsi préparées servent à faire des four-
rures de diverses espèces. On les débite en bandes pour confectionner des bordures de robes, manteaux, etc., opération délicate
qui doit se faire avec une lame fine et tranchante, en dessous,
de manière à ne pas endommager le duvet qui doit être intact
sur les bords. Enfin, on en fabrique une quantité incalculable
de ces houppes soyeuses, dites houppes de cygne, dont l'usage
s'est tant répandu en même temps que celui de la poudre de
riz, du blanc, du rouge et autres produits propres au maquil-
lage.

QUATRIÈME PARTIE

LE CANARD

I

LE CANARD.

Les canards sont des oiseaux aquatiques appartenant comme les oies, à la classe des palmipèdes et à la famille des lamelli-rostres, c'est-à-dire que leurs pieds sont palmés et que leur bec est garni de lamelles formant dents, sur les deux mandibules.

Ils ressemblent beaucoup aux oies pour les formes extérieures et les mœurs, si bien qu'il est difficile de définir où finit la famille des canards et où commence celle des oies. Nous avons indiqué déjà les différences les plus importantes qui résident surtout dans la forme du bec plus aplati, dans la brièveté du cou, dans la position des pattes, plus courtes aussi et situées plus en arrière, ce qui donne aux canards une station horizontale.

Ils sont beaucoup plus aquatiques que les oies. On trouve parmi eux des oiseaux essentiellement nageurs et plongeurs, habitant les eaux douces ou les eaux marines. Plusieurs ont été, depuis quelques années, placés comme oiseaux d'ornement

sur les pièces d'eau des parcs et des promenades, mais outre
que la plupart ne se reproduisent pas dans ces conditions de
captivité la délicatesse de leurs pieds, construits seulement pour
la nage, les rend tout à fait impropres à la vie de la basse-cour.
Leur éducation rentre donc complétement dans le domaine de
l'acclimatation ou de la faisanderie.

Le canard est un animal à peu près polygame, intelligent,
rusé, peu bruyant et qui fait peu parler de lui dans la basse-

Fig. 18. — Canard Eider.

cour. Cette famille se distingue entre tous les palmipèdes par la
beauté de son plumage et l'on sait que les canards mandarins
et carolins qu'élèvent les faisandiers sont deux des plus beaux
oiseaux qui existent. Beaucoup d'autres, sans être tout à fait
aussi richement vêtus, ont cependant un costume des plus élé-
gants, ce qui explique leur emploi si répandu comme oiseaux
d'ornement.

Les uns et les autres ont deux mues par an. Le duvet de
certaines espèces a une valeur notable et le fameux Eider qui

fournit le véritable *édredon* appartient à la famille des canards.
On trouve ce fin duvet dans le nid de l'oiseau où la femelle le
dépose pour maintenir la chaleur sur ses œufs pendant son
absence (Fig. 18).

La ponte du canard varie beaucoup d'importance suivant les
espèces; les petits sont en général rustiques et courent à l'eau
aussitôt leur naissance, mais ils ne peuvent souvent voler qu'à
l'âge de trois mois. A cet âge, les canards portent le nom d'*hal-
berents* (*halber, ente*, en allemand, demi-canard).

Tout le monde connaît la voix peu harmonieuse de la plupart
des canards, mais la femelle seule *cancane*, le mâle n'a qu'une
sorte de sifflement sourd, assez peu distinct.

Construit pour la nage, le canard dont les jambes sont courtes
et placées très en arrière, marche difficilement sur le sol ; on
connaît son allure embarrassée, dandinante ; mais sur l'eau, il
retrouve tout son avantage, aucun palmipède n'évolue avec plus
d'aisance et de rapidité. La délicatesse du pied de certaines espèces a été, sans doute, jusqu'à présent un des obstacles à leur
domestication et on ne les place sur les pièces d'eau qu'en
leur mutilant l'aile.

Quelques-unes néanmoins se reproduisent en captivité, mais
leur élevage, relativement difficile, est exclusivement l'apanage
du faisandier, tels sont les magnifiques canards de la Chine et
de la Caroline que nous avons déjà cités et qu'on s'accorde à
regarder comme domestiques, mais qui constituent des espèces
de luxe.

Nous n'avons donc à étudier comme oiseaux de produit
qu'un très-petit nombre de canards, se rapportant à quelques
races spéciales provenant d'une souche commune, le canard
sauvage. A côté de celui-ci, nous n'avons qu'une seule espèce à
signaler, le canard musqué, lequel est devenu, surtout par ses
mulets, l'objet d'une industrie assez considérable.

II

ESPÈCES ET RACES DE CANARDS DOMESTIQUES.

Canard sauvage. — Le canard sauvage, type de nos races domestiques, est un bel oiseau au plumage gris cendré rayé et ondulé transversalement de brun et de blanc; la tête et le cou sont d'un vert miroitant de reflets pourpres ou bleus, le plastron est brun et le miroir de l'aile d'un vert violet. La femelle est grise comme une alouette (Fig. 19).

Comme tous les membres de sa famille, le canard sauvage est un oiseau essentiellement voyageur, au vol sibilant et rapide. La patrie commune paraît être la région des grands lacs du Nord, dans les deux continents. Les canards se rassemblent en bandes nombreuses et descendent, en automne, vers le midi par vols triangulaires. Au printemps, ils se divisent par paires, et vont nicher au bord des eaux, dans les joncs et les roseaux, ou même dans les champs et dans les bois. Leur ponte est de douze à seize œufs verdâtres. Les jeunes, couverts d'un duvet jaunâtre, sont menés à l'eau par leur mère aussitôt leur naissance. Les canetons sauvages se plient très-bien à la vie domestique, si on leur coupe le fouet de l'aile et qu'on les place sur un étang ou dans la basse-cour avec des canards communs. Ils s'accouplent avec ceux-ci et forment des métis qui n'ont pas la taille des canards communs ni la finesse de chair des canards sauvages.

Pris adulte, le canard sauvage s'apprivoise, demeure à la basse-cour, mais la quitte souvent au moment du passage. On cite, comme pour les oies, des exemples de canards qui sont revenus après une saison de liberté reprendre leur place à la ferme.

Le canard sauvage s'est d'ailleurs rallié à l'homme depuis fort longtemps, quoique bien plus tard que l'oie, car sa domestica-

tion paraît remonter à l'antiquité romaine. La facilité de sa domestication s'explique par sa complaisance à accepter toute
espèce de nourriture, il est complétement omnivore, et fait,
comme on dit, ventre de tout. On l'a comparé et non sans raison au porc. Et, en suivant cette comparaison, on peut dire
que le canard sauvage est au canard domestique ce que le san-

Fig. 19. — Canard sauvage.

glier est au porc. De plus sa rusticité est extrême et, comme
nous l'avons vu, sa fécondité assez grande.

Le canard sauvage ne nous semble pas polygame, car le mâle
surveille le nid pendant l'incubation comme le mâle de l'oie.
Dans certaines espèces, le tadorne par exemple, le père envi-
ronne sa couvée de soins attentifs ; mais dans la basse-cour, les

canards deviennent facilement polygames, ainsi d'ailleurs que
beaucoup d'autres oiseaux. Les mâles, outre leur plumage très-
différent pendant la mue du printemps, se distinguent encore
des femelles par les quatre rectrices médianes de leur queue,
lesquelles sont d'un noir vert et frisées en dessus.

Canard domestique et ses races. — Le canard domestique ne diffère du canard sauvage, dont il provient, que par
une taille plus forte, par ses pieds qui sont plus forts et souvent
noirs. Il revêt d'ailleurs toutes les variétés de plumage possibles.

On peut reconnaître dans le canard domestique deux races qui
se différencient surtout par la taille.

La *race commune* est la *petite race* de toute forme et de tout
plumage qu'on trouve partout. Son poids atteint rarement 1 k.
Coureurs et vagabonds, ces canards seraient peut-être moins
dispendieux à nourrir, mais ils sont moins faciles à élever,
moins productifs, plus exigeants pour l'eau, et c'est eux qui ont
fait naître ce préjugé qu'on ne peut élever de canards sans un
étang.

La *grosse race*, *race de Normandie* ou *race de Rouen*, est
beaucoup plus grosse, puisqu'elle atteint le poids de 1500 gr. à
2 k. et quelquefois plus. Plus facile à élever que le canard
commun, le canard de Rouen réussit fort bien avec le moins
d'eau possible, ainsi que le prouvent les détails de son élevage
tel qu'il se pratique aux environs d'Yvetot où il a pris une extension considérable. Très-précoce et très-féconde, cette race
peut donner plus de cent œufs, quand la race commune n'en
donne au plus qu'une cinquantaine (Fig. 20).

C'est la race de Rouen qui, se propageant aux environs
d'Amiens et d'Abbeville, patrie des pâtés de canards, porte dans
ce pays le nom de race de Picardie sous lequel elle paraît maintenant dans les expositions.

Le plumage de cette race, tant normande que picarde, est variable comme celui de la race commune. Il existe entre autres
une variété blanche, fort jolie, mais plus petite, prenant moins

bien la graisse et plus délicate. Une autre variété est huppée et ne le cède en rien à la race type.

Fig. 20. — Canards de Rouen et d'Aylesbury.

Il est à désirer que l'élevage beaucoup plus facile et beaucoup plus productif de la race de Rouen se généralise de peu en plus, comme celui de l'oie de Toulouse, et que cette excellente variété remplace bientôt partout la petite race commune.

Canard de Labrador. — Cette race paraît avoir eu pour premier type une espèce américaine d'assez petite taille qui, dans nos faisanderies, a donné, par des croisements divers, une race domestique presque aussi forte que la race commune. Elle est d'un noir magnifique à reflets verts surtout sur la tête et le cou. Le bec et les pieds doivent être noirs.

Cette variété se reproduit comme la race commune, et, bien qu'oiseau d'ornement, pourrait être une volaille de produit.

Canard d'Aylesbury. — Absolument blanche avec le bec et les pieds jaunes, cette belle variété, presqu'aussi grosse que celle de Rouen, semble la remplacer auprès des éleveurs anglais. Son aptitude à l'engraissement est très-grande, et il pourrait y avoir intérêt à la multiplier, attendu que les plumes blanches ont plus de valeur que celles de toute autre couleur.

Canard polonais. — En général blanche, avec le bec et les pieds jaunes, cette race est curieuse par la direction très-infléchie de son bec. Elle a une variété ornée d'une huppe ou chignon dont la physionomie est assez grotesque.

Le *Canard pingouin* n'est curieux que par la position très-postérieure de ses pattes, ce qui donne à l'oiseau la station verticale du pingouin.

Les *Canards mignons,* blancs ou gris, huppés ou non, sont une petite race d'ornement de la taille d'une sarcelle.

Canard musqué, canard de Barbarie, canard d'Inde, canard de Guinée, canard de Moscovie, canard de Turquie, etc.

Ce bel oiseau, malgré toutes ces désignations d'origine, a pour patrie l'Amérique méridionale et particulièrement le Brésil et la Guyane, d'où il vint en France sous le nom de canard d'Inde, comme le dindon sous le nom de coq d'Inde, vers 1500. A l'époque de Belon (1550), il se répandait déjà et on le vendait « par les marchéz pour s'en servir ès festins et nopces » (Fig. 21).

Son plumage est d'un noir lustré, à reflets verts et rouges sur le dos. Une large bande blanche traverse l'aile ; les plumes du sommet de la tête et de la nuque, longues et étroites, forment une espèce de huppe. Son caractère le plus saillant est son bec rouge, traversé par une bande noire et entouré, à sa base, de caroncules qui se continuent sur les joues avec une membrane nue, papilleuse, verruqueuse, d'un rouge vermillon, comme le nez d'un ivrogne. Le mâle seul porte ces enluminures truculentes et ne les prend qu'à deux ans. Ses pieds sont rouges.

Fig. 21. — Canard musqué.

C'est le plus gros des canards connus, sa longueur est de 0ᵐ. 65. La femelle est plus petite.

La domesticité a modifié son plumage qui est maintenant aussi varié que celui de notre canard commun.

Dans son pays, le canard musqué niche dans les vieux troncs d'arbre, comme tous les canards américains, d'ailleurs, afin de se mettre hors de la portée des serpents. La mère est donc obligée de descendre ses petits à terre, ce qu'elle fait en les portant par le bec. C'est dire que cette espèce de canard perche volontiers. Si les jeunes aiment assez l'eau, les adultes, bien qu'en profitant lorsqu'ils en trouvent, n'en ont pas besoin.

La fécondité du canard musqué sauvage est très-grande, car cette espèce donne deux ou trois pontes qui peuvent aller jusqu'à dix-huit œufs chacune. C'est donc en domesticité une espèce pondeuse. Ses œufs sont d'un bleu verdâtre, ronds et volumineux. De plus, elle est excellente de chair, au moins dans les canetons, car les adultes sont sujets au goût de musc ; on pare à cet inconvénient en leur enlevant la tête aussitôt qu'on les a tués.

Le mâle porte sur sa face tous les signes d'un tempérament ardent. Il est, du reste, solidement monté sous le rapport des organes génitaux. Aussi s'adresse-t-il volontiers aux femelles des autres espèces, voire aux poules qu'il tourmente parfois beaucoup, s'il n'a pas de femelle. Il s'accouple avec la cane commune et donne ainsi un produit de très-grand mérite, le *mulard*, qui, malgré son infécondité, constitue une sorte de race des plus importantes sous le point de vue du revenu qu'elle fournit.

Canard mulard. — Le *mulard* est, comme nous l'avons dit, un métis de canard musqué et de cane commune, ou inversement de canard commun et de cane musquée, mais les plus beaux résultent du premier mode de croisement par le mâle musqué, parce que les produits héritent de la taille de leur père, plus considérable que celle de la race commune. Les plus beaux de tous les mulards résultent du croisement du canard musqué avec une cane de grosse race et surtout de la race de Rouen.

Le plumage de ce canard est en général de couleur sombre, le plus souvent d'un brun marron ; parfois le cou porte un collier blanc et l'aile un miroir vert, historié ou non de bandes blanches. Sa face ne présente aucune des caroncules, verrucosités, bubelettes et enluminures qui surchargent celle du canard de Barbarie. Le mulard n'a pas l'odeur désagréable que contracte très-rapidement le canard musqué et, de plus, il ne cancane pas. Son cri se borne à une sorte de pépiement qui rappelle celui des canetons et des pigeonneaux.

Les mulards sont des métis sexués mais inféconds ; la ponte de la mularde est plus abondante que celle de la cane commune, mais les œufs ne contiennent aucun germe. Ils sont en revanche très-gros, beaucoup plus délicats que la plupart des œufs de palmipèdes, et, en raison même de leur infécondité, d'une très-longue conservation.

Toutefois, les œufs provenant de mulardes fécondées par un mâle d'espèce pure, commun ou musqué, sont en général bons à l'incubation, principalement lorsque le mâle est un canard commun, mais les produits retournent bientôt au type commun.

On cite, il est vrai, quelques cas dans lesquels des femelles mulardes cochées par des mâles mulards ont fourni des œufs féconds. Néanmoins, c'est la grande exception, et l'on peut dire que les mulards entre eux sont stériles.

Nous ne voyons pas d'autre raison pour expliquer comment il se fait que ce canard artificiel ne soit pas répandu par toute la France comme il l'est dans certains départements du midi, notamment aux environs de Toulouse, dans le bassin de la Garonne, les départements de l'Aude, de l'Ariége, du Tarn, de l'Hérault, du Gard et de l'Ardèche. Dans la Haute-Garonne, on élève les mulards pour l'engraissement, comme les oies, et comme dans d'autres pays, les porcs.

Le mulard, en effet, comme poids, comme rusticité, facilité d'élevage et d'engraissement dans toutes les localités, enfin pour la délicatesse de sa chair bien supérieure, même à l'état maigre, à celle de l'oie et de tous les autres canards, mériterait la première place dans la basse-cour, après la poule. Sa graisse est, de plus, extrêmement fine, vantée par les gastronomes bien au dessus de celle de l'oie elle-même. Enfin, le foie du mulard engraissé constitue une production culinaire du plus haut mérite et de la plus grande valeur, laquelle figure sous des formes diverses mais toutes également célèbres, sur les tables les plus savantes, et l'une de ces formes est la fameuse terrine de Nérac et de Toulouse.

Rappelons que la cane mularde a en outre une valeur sé-
rieuse comme pondeuse.

Enfin, le mulard, moins que tout autre, éprouve le besoin
de barboter pendant son élevage.

M. Labouilhe, de Toulouse, dont nous avons déjà cité le nom,
produit les mulards sur une assez vaste échelle, en donnant,
en janvier, à un mâle musqué, âgé d'au moins deux ans, six
canes communes, en ayant soin seulement de ne pas lui laisser de canes de son espèce, sans quoi il ne cocherait pas les
communes.

A la suite de cette fécondation, vient une ponte de trente œufs
environ qui sont confiés à des poules, à raison de douze à
quinze par tête. On les mire après quelques jours d'incubation
et l'on supprime les œufs stériles. Au bout de trente jours, les
jeunes métis brisent leur coquille et ne sont pas plus difficiles
à élever que les autres canetons. Nous reviendrons plus
loin sur les produits que fournissent les mulards de Toulouse.

III

ÉLEVAGE DES CANARDS

Le canard est, on peut le dire, le plus facile à élever de
tous les oiseaux de basse-cour. Robuste, fécond, omnivore,
faisant de tout ventre et graisse, sachant se plier aux circonstances, faisant ses affaires tout seul, prenant la graisse sans
séquestration, acquérant en deux mois une taille et un poids
qui permettent de le livrer à la consommation, doué d'une
longévité utile beaucoup plus grande que la plupart des autres
volailles, le canard fournit un des meilleurs produits de la
basse-cour et des plus certains.

On doit donc s'étonner de voir son élevage si peu répandu relativement à celui des poules. La principale raison de cette rareté du canard tient au préjugé vulgaire qui subordonne l'éducation de cet oiseau à la présence d'une rivière, d'un étang ou d'une mare. Il est cependant prouvé, et nous insisterons encore sur ce point important, qu'on peut élever des canards sans leur fournir de vastes étendues d'eau. La seule précaution nécessaire consiste à ne pas les laisser manquer d'eau ; mais une simple fosse à parois cimentées ou revêtues d'argile, d'une surface de quelques mètres carrés suffit très-bien aux ébats d'une bande de canards assez nombreuse et même un simple baquet enfoncé en terre, lorsqu'on n'entretient qu'un troupeau de quelques têtes.

Il est avantageux de pouvoir leur livrer un parcours étendu, mais c'est surtout au point de vue de l'économie de nourriture que cette condition est utile. Le canard, qui mange et digère toujours, trouve beaucoup à manger s'il a beaucoup d'espace à exploiter et attend d'autant moins de nourriture de la part de l'éleveur. Enfermé dans une cour restreinte, il y vivra encore parfaitement, mais le propriétaire aura nécessairement à fournir une provende plus abondante, pour les besoins incessants de cet insatiable estomac. Ajoutons que son peu de délicatesse sur le choix des aliments, sa disposition à manger toute victuaille avec un égal plaisir et un appétit toujours nouveau, diminuent considérablement les frais de sa nourriture. Débris de cuisine, viande, légumes, croûtes de pain, grains, issues, escargots, hannetons, vers, chenilles, chrysalides de vers à soie, tout lui est bon. Il n'est pas de fumier, de tas d'ordures, de cloaque, où le canard ne trouve quelque chose à sa convenance. Il barbote dans les eaux vaseuses et dans la fange, tamise entre les lamelles de son bec le liquide chargé de parties organiques, pour faire son profit de tous ces débris, ainsi que des vers, larves, insectes et de tout ce qui grouille dans la boue.

On peut mener paître les canards aux champs, car ils

broutent beaucoup et recherchent les vers sous les touffes d'herbe, néanmoins ils sont moins dociles que les oies et se laissent moins facilement conduire.

A la basse-cour, on peut leur donner toutes les graines, avoine, orge, sarrasin, maïs, mais il convient de les leur distribuer par masses, c'est-à-dire dans des sébiles ou des terrines, afin qu'ils puissent les saisir plus facilement avec le bec, car la préhension leur est moins aisée qu'aux poules, quand il s'agit de ramasser de menus grains éparpillés sur le sol. Mouiller ces grains avec un peu d'eau qui leur donne une certaine adhérence, facilite encore la préhension, et les canards sont sensibles à cette attention.

Toutes les pâtées sont de leur goût, son, recoupes, pommes de terre, betteraves, herbes cuites, les orties surtout. Ils s'habituent rapidement aux betteraves crues qui peuvent former la moitié de leur régime, à l'exception toutefois de la betterave disette qui les dévoie.

Si la betterave peut fournir très-économiquement le fond de la nourriture des canards dans les localités où cette racine est très-cultivée, la pomme de terre et le topinambour peuvent la remplacer dans d'autres contrées. Chaque pays offre des ressources particulières qu'il est aisé de mettre à profit. C'est ainsi que la viande des animaux abattus, soit fraiche, soit salée, soit séchée, soit boucanée, peut être employée en assez grande quantité dans le voisinage des établissements d'équarrissage. Il en est de même des pains de croton près des abattoirs et des chandelleries, des chrysalides de vers à soie après le dévidage des cocons, dans le voisinage des magnaneries, des escargots, entiers s'ils sont petits, concassés s'ils sont trop gros, dans les pays où l'on pratique l'*escargottage*, des hannetons, des vers blancs, dans ceux où l'on se livre à la chasse de ces dévastateurs que les oiseaux, les taupes et les crapauds ne suffisent plus à détruire.

Nous devons ajouter que ces substances donneraient à la chair du canard un goût désagréable, si on le livrait à la consommation sans avoir pris la précaution de changer son régime huit ou quinze jours avant l'époque désignée pour le sacrifier.

Le canard est un animal précoce qui dès le mois de janvier entre en amour. On donne ordinairement un mâle à 6 ou 7 canes, car bien que monogame originairement, cet oiseau s'est plié sous l'influence de la domesticité à la polygamie ordinaire chez les espèces de basse-cour.

M. Mariot-Didieux observant que la cane entre la première en amour, pond souvent dès l'hiver, à la fin de janvier et en février, quelques œufs inféconds qu'elle abandonne et ne confond pas avec ceux qu'elle couvera plus tard, M. Mariot-Didieux a fait sur les organes génitaux du canard mâle des études curieuses.

Il résulte de ses observations que les testicules chez cet oiseau sont l'objet, après l'époque des pariades, d'une résorption tellement considérable qu'ils ne présentent plus alors à la dissection que deux petits corps ridés et flétris du volume d'un grain de riz, tandis que vers la fin de mars ils sont presque de la grosseur d'un œuf de poule.

Au premier printemps, la cane fait à son mâle toutes les avances, le caresse du bec, le frotte, l'agace et le pousse. Sous l'influence de ces excitations, les testicules commencent à se développer, quelques essais de fécondation sont tentés, mais peu utilement. Il en résulte une première ponte d'œufs clairs, mais, dès les premiers jours d'avril, les organes ont repris tout leur volume, la fécondation s'accomplit et la véritable ponte commence.

Cette ponte est d'ailleurs plus ou moins précoce, suivant la nourriture, la température plus ou moins douce de l'hiver et l'âge de la cane. Celle-ci ne pond jamais avant le printemps qui suit celui où elle est née, mais d'autant plus tôt que sa naissance a été plus précoce.

La ponte est plus ou moins abondante suivant les mêmes circonstances et aussi suivant la race ; la cane commune peut donner de trente à soixante œufs par an, tandis que les canes

de grosse race, de Rouen, de Toulouse, donnent parfois cent
œufs et plus. La première pond, en général, de deux jours
l'un, de février à juin ; la seconde donne souvent un œuf par
jour pendant le même laps de temps, avec un jour de repos
environ, chaque quinzaine.

Nous avons dit que les canes mulardes sont excellentes pondeuses et fournissent de très-gros œufs plus délicats que ceux
des autres races. Les œufs de cane d'ailleurs, sans valoir ceux
de poule, sont de beaucoup préférables aux œufs d'oie. Les
pâtissiers les emploient en grande quantité, mais les cuisiniers
leur reprochent de fournir un blanc qui ne *monte* pas quand
on le bat, comme celui des œufs de poule, et qui ne se coagule
pas aussi bien à la chaleur, lorsqu'il s'agit de les consommer à
la coque. Mais au point de vue de l'omelette, il n'y a rien à
leur reprocher. Ils sont d'ailleurs très-souvent mêlés aux œufs
de poule dans les paniers qu'on expédie journellement sur les
marchés.

Les œufs de cane, plus gros en moyenne que ceux des poules,
ont une forme un peu différente ; ils sont plus longs, plus sy-
métriquement arrondis par les deux extrémités, et ne présentent pas aussi nettement un petit et un gros bout. De plus ils
ont presque toujours une coloration verdâtre plus ou moins
tranchée. Certaines canes normandes pondent néanmoins des
œufs presque aussi blancs que les œufs de poule, bien qu'un
peu plus ternes et plus luisants.

Il arrive quelquefois que les canes, lorsqu'elles ne couvent
pas ou qu'elles manquent leur couvée, cèdent au besoin naturel
de la propagation de l'espèce et donnent, en outre de la première ponte printanière, une seconde ponte, en été, au mois
d'août, mais de quelques œufs seulement.

Certaines canes ont aussi la manie de cacher leurs œufs. En
général, celles-là couvent lorsqu'elles ont réuni, dans le nid
qu'elles se sont préparé, une quinzaine d'œufs, de sorte qu'on
les voit un jour apparaître avec une petite famille qui vient
réclamer sa part à la distribution des vivres. Il n'y aurait pas

grand mal à abandonner ainsi ces canes à leurs instincts naturels, car les couvées ainsi obtenues sont ordinairement très-
robustes, malheureusement elles sont le plus souvent la proie
des rats, des chats et autres animaux destructeurs. Il est donc
plus prudent de récolter les œufs avec soin, afin de les mettre
plus tard à couver et de placer le nid dans les conditions les
plus favorables à la conservation des couvées. Les canes pondent dans la matinée, de sorte que si l'on s'aperçoit que l'une
d'elles cache ses œufs dans quelque retraite ignorée, il est facile
de la tenir enfermée jusqu'à ce qu'elle ait déposé son œuf, ce
qui est fait, en général, avant huit heures. On peut encore les
tâter, tenir enfermées celles *qui ont l'œuf* et mettre en liberté
les autres.

Les œufs de cane, comme les œufs d'oie, conservent leur faculté germinative plus longtemps que les œufs de poule. Néanmoins, on doit entourer de certains soins ceux qu'on destine à
l'incubation. On les place dans un lieu frais, pour empêcher le
développement prématuré de l'embryon, et on les range dans
des boîtes pleines de son, de sciure de bois ou de sable sec,
pour empêcher l'accès de l'air et l'évaporation des liquides intérieurs.

Il n'y a pas d'avantage à obtenir des couvées très-précoces,
parce que les canetons sont très-sensibles au froid et qu'on
s'exposerait à en perdre beaucoup, si on les faisait naître avant
que la saison ne soit sensiblement adoucie. En général, on re-
tarde la mise à l'incubation jusqu'au moment où les poules
demandent à couver, et ce sont en effet les poules qui couvent
la majorité des œufs de cane.

La cane est fort bonne couveuse, lorsqu'elle consent à couver,
mais dans certaines localités, à Toulouse particulièrement, on
la laisse rarement couver, afin de prolonger sa ponte.

On a dit que les canes provenant d'œufs couvés par des poules
ne couvent jamais. C'est une erreur, celles-là couvent ni plus
ni moins que les autres.

On fait aussi couver les œufs de cane par des dindes qui

sont, comme on le sait, des couveuses émérites et des mères attentives. Elles sont moins fatiguées que les poules de ce travail relativement long.

En effet les canetons n'éclosent qu'au bout de trente jours, tandis que les poulets éclosent du dix-neuvième au vingt et unième jour.

Les œufs de cane se refroidissent plus vite que les œufs de poule, dans le cours de l'incubation, ou bien ils sont plus sensibles à un refroidissement égal. Aussi les canes sauvages tapissent-elles leur nid avec le duvet qu'elles arrachent de leur ventre et lorsqu'elles quittent leurs œufs pour manger, elles les recouvrent avec ledit duvet. C'est, on le sait, dans le nid du canard *Eider*, hôte des régions les plus septentrionales de l'Europe, que l'on trouve le fin duvet qui a une si haute valeur commerciale sous le nom d'édredon. La cane domestique conserve encore parfois un souvenir de cette habitude.

Bien que bonnes couveuses lorsqu'elles consentent à remplir ce devoir, les canes couvent, en somme, beaucoup plus rarement que les poules. Lorsqu'on s'aperçoit, aux préparatifs qu'elle fait, aux brins de paille qu'elle transporte, qu'une cane veut couver, on lui choisit un emplacement tranquille et convenablement abrité. On ébauche un nid dans lequel on place une douzaine d'œufs et on fournit à la mère de la paille avec laquelle elle dispose son nid à sa guise. Chaque jour, on place près du nid de l'eau et des aliments, et la couveuse quitte ses œufs, une fois par jour seulement, et pendant dix à douze minutes pour manger, boire, se vider et se baigner. Quelques-unes couvent avec tant d'ardeur qu'elles succombent d'épuisement sur leurs œufs. On sait que cet accident arrive fréquemment aux poules.

Le mâle domestique ne s'occupe pas de la couveuse ni des couvées; aussi, dans beaucoup de pays, on le supprime après la ponte pour le remplacer par un jeune, au printemps suivant. Cette pratique est souvent justifiée par la lubricité de certains canards, et le canard de Barbarie en est un exemple; ne trouvant plus assez de canes inoccupées pour satisfaire leurs besoins amoureux, ils s'adressent aux poules qu'ils tourmentent de leurs obsessions grotesques et que parfois *ils tuent, parce qu'elles leur résistent.*

Lorsque cette suppression n'est pas nécessaire, nous ne l'approuvons pas. Et, dans tous les cas, nous ne sommes pas partisan des reproductions par de si jeunes individus. Nous avons dit qu'à Toulouse on n'emploie pour la production des mulards que des canards de deux ans au moins, et l'on a raison. Il est certain, pour les canards surtout, que les produits obtenus sont beaucoup plus beaux lorsque les parents sont un peu plus âgés. Nous savons d'ailleurs que ces oiseaux sont aptes à la reproduction, et conservent une fécondité normale, beaucoup plus longtemps que les poules. Les palmipèdes en général sont doués d'une longévité plus grande que la majorité des gallinacés. Une poule de six à sept ans est une vieille poule, tandis qu'une cane de dix à douze ans n'est pas sensiblement moins féconde qu'une cane de trois ou quatre. Les Chinois, qui sont passés maîtres en fait d'élevage de canards, ont soin de ne mettre à l'incubation que des œufs de vieilles canes. Ils obtiennent des sujets beaucoup plus robustes et qui résistent mieux aux procédés d'éducation artificielle qu'ils mettent en usage depuis Fo-Hi, fondateur de l'Empire du Milieu.

Si la cane couveuse s'est construit elle-même un nid dans quelque endroit écarté, il faut avoir soin de ne pas la déranger ; mais on recouvre le nid d'un abri quelconque, d'une mue à poulets sous laquelle on place, une fois par jour, l'eau et la nourriture nécessaires à la couveuse.

Les canes couveuses sont souvent méchantes, à ce point qu'on est obligé, parfois, de leur enlever les canetons après l'éclosion parce qu'elles s'opposent avec énergie à ce qu'on donne librement et facilement à ceux-ci les soins qu'ils réclament.

Dans tous les cas, il faut surveiller l'éclosion, parce que la cane, comme l'oie, s'imagine, aussitôt qu'elle voit un ou deux petits éclos, que sa tâche est terminée et quitte son nid, abandonnant tout le reste de sa couvée au moment où celle-ci a le plus besoin d'elle et de sa chaleur. On retire les canetons au fur et à mesure qu'ils sont sortis de l'œuf et séchés, pour les rendre à la mère lorsque les éclosions sont terminées. On les conserve, pendant cet intervalle, dans un panier garni de plumes, d'ouate ou de flocons de laine, placé auprès du feu ou chauffé avec une bouteille pleine d'eau à environ 40°.

Lorsque l'on confie le soin de l'incubation à une poule, on lui prépare son nid absolument comme si elle avait à couver des œufs de poule. Sur un premier lit de paille sèche propre et brisée, on en dispose un second dans lequel on pratique une cavité peu profonde. On peut y ajouter quelques menues plumes de duvet, et on place douze ou treize œufs dans cette cavité. Suivant la taille de la poule et la grosseur des œufs, on peut aller jusqu'à quinze. On lève la poule une fois par jour, pour lui donner à manger et à boire sous une mue et pendant ce repas, qui ne doit pas durer plus de quinze à vingt minutes, on recouvre les œufs avec un morceau d'étoffe de laine. Au moment de l'éclosion, la poule n'abandonne pas les œufs non encore brisés pour conduire les premiers canetons éclos, mais continue son travail incubatoire jusqu'à ce qu'il lui soit bien démontré qu'il est inutile de le prolonger. Elle conduit d'ailleurs les canetons avec le même soin que les poulets, mais ils lui obéissent moins bien que ceux-ci, parce que leurs besoins, leurs mœurs et leur langage ne sont pas les mêmes. Ainsi la poule éprouve souvent une certaine difficulté pour apprendre à ses élèves l'acte le plus important de leur vie. Ces canetons qui seront plus tard les oiseaux les plus gloutons ne veulent pas apprendre à manger. Ils assistent parfois à la leçon que leur donne la mère, en spectateurs tout à fait indifférents et considèrent la chose d'un œil calme, absolument comme s'il s'agissait d'un exercice sans intérêt pour eux. On sait que le même accident se produit quelquefois, mais beaucoup plus rarement avec les poulets. Aussi, l'un des meilleurs moyens de dresser les canetons à obéir à leur mère et à suivre ses leçons, consiste à introduire quelques poulets dans la couvée, soit au moment de l'éclosion, soit pendant l'incubation. Pour cela, on donne à la poule dix œufs de canes seulement et, au huitième jour d'incubation, on ajoute trois ou quatre œufs de poule. Poulets et canetons éclosent alors en même temps. Les premiers donnent bientôt l'exemple de l'obéissance et les seconds les suivent par imitation. Ils apprennent ainsi à s'éloigner moins de leur mère, à revenir à son appel, mais ils se séparent toujours d'elle bien plus tôt que les poulets, à cause de la différence des mœurs. D'ailleurs, les canards une fois au courant des principales fonctions vitales dans lesquelles leur initiative est nécessaire, se suffisent bientôt à eux-mêmes et n'ont plus besoin de conductrice. Aussi leur élevage sans mère offre-t-il beaucoup moins de difficulté que celui du poulet, ce dont ont profité les Chinois, dans la grande industrie d'élevage artificiel qu'ils pratiquent avec tant de succès.

Les dindes se chargent aussi très-bien des œufs de cane dont la durée d'incubation est en rapport avec leurs moyens. Elles conduisent les canetons en grand nombre, avec beaucoup de soin, et si la poule pousse des cris de détresse en voyant ses élèves s'aventurer sur l'eau, la dinde va plus loin, elle entre souvent dans la mare pour porter à ses canetons un secours qu'elle croit nécessaire.

On établit d'ailleurs les couvées sous les dindes comme sous les poules, sauf qu'on peut leur donner beaucoup plus d'œufs. Les dindes ont de plus cet avantage qu'on peut plus facilement que les poules les forcer à l'incubation, ce qui est impossible pour les canes.

Nous avons indiqué, en traitant des dindons, le moyen de forcer les dindes à l'incubation, ce qui nous dispense d'y revenir ici.

IV

ÉLEVAGE DES CANETONS

Nous avons dit qu'au bout de 29 à 30 jours les canetons sortent de l'œuf. Dès le premier jour de leur naissance, ils courent, et s'ils trouvent de l'eau à proximité, ils s'y jettent aussitôt. Ils aiment beaucoup l'eau, en effet, et plus que les canards adultes. C'est surtout pendant cette première période de leur existence, qu'il est utile de pouvoir leur fournir une petite mare, un bassin, un fossé, où ils puissent prendre leurs ébats. Toutefois, il ne faut pas les laisser baigner dans les cinq ou six premiers jours et même pendant la première semaine, s'ils sont précoces et que la saison soit encore froide. Mais on leur donne à boire dans un plat creux. Comme les oisons, ils ne sont recouverts que d'un duvet jaunâtre, lequel n'est pas lubrifié par la sécrétion graisseuse particulière qui rendra plus tard leur plumage imperméable à l'eau. Il est au contraire imprégné d'une matière albumineuse qui, au contact de l'eau, se délaye, devient visqueuse et englue les jeunes oiseaux. Par la même raison, il faut éviter avec le plus grand soin qu'ils soient mouillés par la pluie. Dans le cas où cet accident leur arriverait, il faudrait sans hésiter les laisser baigner, afin qu'ils se débarbouillent, puis les porter devant un bon feu, dans un panier à claire-voie, pour qu'ils ne se brûlent pas, ce qu'ils feraient infailliblement s'ils en avaient la possibilité. Après la première semaine, on peut toujours les laisser aller se baigner librement.

La seule difficulté, peut-être, qu'on éprouve dans l'élevage des canetons consiste, comme nous l'avons dit, à leur apprendre à manger. La cane sauvage extrait de la terre et des vases, des

vers qu'elle divise et qui remuent ; le petit se jette par instinct
sur ce qui remue et l'avale, mais la cane domestique n'a pas
toujours cette ressource, la poule et la dinde encore moins,
d'autant que les canetons ne comprennent pas le gloussement
et l'appel de ces dernières. Si l'on pouvait leur fournir, pendant
les cinq ou six premiers jours, des vers de terre divisés, l'ap-
prentissage serait beaucoup plus facile, mais cela est rarement
possible, car les canetons digèrent avec une rapidité inconcevable
et c'est sept ou huit fois par jour qu'il faut leur donner à manger,
dans les premiers temps de l'élevage. On perd souvent beaucoup
d'élèves pendant cette phase, et, nous le croyons, parce qu'on
a l'habitude de leur donner du pain trempé et émietté qu'on
laisse tomber de haut. Il y en a toujours plusieurs qui ne
mangent pas et d'autres qui renoncent après quelques essais,
le pain trempé leur empâtant le bec. Quant au pain sec, ils ne
peuvent pas l'avaler. Madame Millet-Robinet conseille l'emploi
du vermicelle cuit qu'on mêle plus tard à leur pâtée. C'est effec-
tivement une excellente pratique, et cette pâte les nourrit en
tous cas mieux que le pain.

Cependant, à notre avis, la nourriture du très-jeune canard
doit être autant que possible animalisée, c'est pourquoi la
viande hachée leur convient très-bien. Mais nous avons
essayé plusieurs fois et toujours avec un plein succès la nourriture aux *vers de vase*. Tout le monde connaît ces petits vers
rouges dont se servent les pêcheurs pour amorcer leurs lignes,
et on les trouve maintenant facilement à peu près partout, à
assez bon compte. On réussit à merveille à triompher de l'iner-
tie du caneton d'un jour qui ne veut pas manger. Tous se pré-
cipitent sur cet appas vivant et remuant. Une fois qu'ils y ont
goûté, ils en savent assez, et l'on peut se borner dès lors à mêler quelques vers rouges à la pâtée pendant un ou deux jours
encore.

Les asticots qui se trouvent aussi partout maintenant, à
meilleur marché encore, réussissent également.

Quant à la pâtée ou *mincée*, qui convient avant toute autre aux canetons, c'est un mélange d'orties hachées très-fin avec du son ou mieux de la recoupe. Les salades peuvent, au besoin, remplacer, au moins partiellement, les orties, mais il ne faut pas en user d'une manière exclusive, car elles relâchent les jeunes outre mesure, et M. Labouilhe attribue à l'emploi continu des laitues la plupart des insuccès qu'on éprouve souvent dans les fermes de la Haute-Garonne. Nous n'hésitons pas à considérer l'ortie comme presque indispensable à la complète réussite de l'élevage des canards et même des oies et des dindons. Aussi conseillons-nous aux personnes qui veulent entreprendre l'éducation de ces espèces dans de certaines proportions, d'établir dans quelque coin de terrain une culture plus ou moins étendue d'orties. Sous ce point de vue, c'est une plante précieuse et qu'il est difficile de remplacer complétement.

Tous les débris de viande, animaux morts, etc., doivent être jetés aux canetons, qui en font leur profit, mais plus longtemps on leur continuera la pâtée d'orties, mieux ils se développeront et plus ils se montreront aptes à prendre rapidement la graisse.

On conseille quelquefois de les laisser vaguer dans les jardins où ils détruisent une quantité considérable de chenilles, limaces, limaçons, insectes. Cela peut avoir, en effet, son bon côté, mais si les canards ne grattent pas, ils broutent, et mettent bientôt au pillage les salades et toutes les plantes fraîches et tendres qu'ils trouvent à leur convenance.

Ils broutent, mais beaucoup moins que les oies, aussi le parcours ne leur est-il pas nécessaire et c'est surtout par la nourriture animale qu'ils trouvent à glaner qu'il peut être utile de les conduire aux champs ou de les laisser errer à l'aventure autour de la maison. La surface d'une cour de ferme leur suffit. Mais nous rappelons qu'ils doivent avoir autant que possible une petite étendue d'eau, voire un baquet s'ils sont peu nombreux, un fossé ou une petite mare s'ils sont en plus grand nombre, pour boire et se baigner.

Les canards atteignent leur complet développement à 3, 4 ou 6 mois, suivant les circonstances plus ou moins favorables de l'élevage et suivant la race. Ceux qui peuvent prendre leurs ébats dans une vaste étendue d'eau sont plus tôt formés que ceux à qui cette jouissance n'est pas permise. En tous cas, ils peuvent être livrés à la consommation lorsqu'ils ont les ailes *croisées*, c'est-à-dire lorsque leurs ailes sont assez longues pour que les extrémités des rémiges se croisent au dessus de la queue. Suivant qu'ils sont plus ou moins abondamment nourris, ils atteignent ce degré de croissance entre six semaines et deux mois. En même temps, leur voix change, c'est-à-dire qu'au piaulement du caneton commence à se mêler le cancanement de l'adulte.

V

ENGRAISSEMENT

L'engraissement des canards peut se faire absolument par les mêmes procédés que celui des oies, mais il est plus facile en ce que les canards peuvent prendre un bon état de graisse sans être séquestrés en boîtes ou en épinettes. Toutefois, dans ce cas, l'engraissement est plus long, mais il dispense de bien des soins assez minutieux.

De même que pour les oies, il est difficile d'obtenir un bon engraissement dès qu'arrive le mois de janvier. C'est ordinairement en octobre et novembre qu'on le pratique le plus facilement.

Un canard gras de petite race pèse environ 2 kilogrammes, un canard de grosse race, 4 kilog.

Quant aux mulards de Toulouse, ils atteignent jusqu'à 5 kilog. On les engraisse comme les oies, avec du maïs et par les
mêmes procédés. On extrait le foie, blanc, ferme et très-volu-
mineux, entrelardé de cette graisse si fine qui lui donne un
goût savoureux bien supérieur à celui du foie d'oie. « Il faut,
dit M. Labouilhe, pour que le foie ait tout son volume tuer le
canard sur sa digestion. »

Il convient de remarquer que, quel que soit le procédé d'engraissement qu'on met en usage, tous les canards maigrissent
pendant les premiers jours de ce régime. On reconnaît que
l'engraissement est complet, à la queue qui se redresse et
dont les plumes s'écartent ; cet effet se produit du quinzième
au vingtième jour.

En Normandie, l'engraissement se fait avec des pâtons de
farine de sarrasin ou d'orge délayée dans du lait. En Langue-
doc, avec du maïs cru ou cuit, ou des pâtons de farine de maïs.
En Angleterre, on emploie la drèche des brasseurs détrempée
dans du lait et de l'eau.

Les canards à l'engrais doivent toujours avoir à leur disposition, un vase plein d'eau pour faciliter leur digestion.

VI

HYGIÈNE ET MALADIES DU CANARD

Les canards aiment la propreté et prennent soin de leur
plumage, bien qu'ils barbottent dans les boues et les fumiers.
Ils doivent donc occuper pour le coucher, un local à part et
ne point être confondus avec les poules dans un même pou-

lailler. Quelquefois cependant, on se borne à leur construire
dans le poulailler un petit appentis qui les préserve des
ordures que les poules laissent tomber sur eux du haut des
perchoirs. Bien que ce mode d'installation soit moins vicieux,
il ne convient pas encore d'une manière complète aux
canards, qui ne se plaisent pas dans l'atmosphère du poulailler. Il est beaucoup plus convenable de leur fournir un
toit particulier, sain et aéré, dont le sol est couvert de litière
fréquemment renouvelée et retournée.

Un parcours assez vaste leur est utile, avons-nous dit. Beaucoup moins difficiles sur les aliments que les autres oiseaux de
basse-cour, mangeant de tout, véritables porcs emplumés, les
canards profitent ainsi d'une quantité considérable de matières
perdues. Leur élevage ainsi pratiqué devient très-lucratif et
beaucoup plus même que celui des poulets, d'autant que ces
oiseaux sont d'une croissance rapide, d'un tempérament robuste, d'une rusticité à toute épreuve et que, sauf les cas d'é-
pizootie, il est très-rare de les voir malades.

Les animaux destructeurs, fouines, belettes, putois, ne les
attaquent presque jamais, parce que, dans l'obscurité, ils ne
perdent pas, comme les poules, l'usage de toutes leurs facultés.
Surpris en pleine nuit et au milieu de ce sommeil léger qui lui
est propre, le canard se défend vigoureusement du bec et de
l'aile et appelle à son secours par des cris violents qui inti-
mident l'ennemi. La poule endormie n'a plus conscience d'elle-
même et se laisse égorger sans pousser un cri.

Nous avons affirmé que l'eau en grande étendue n'est pas
indispensable au canard. Sans doute, oiseau aquatique, le canard se trouvera dans de meilleures conditions, s'il a la jouissance d'un cours d'eau, d'un étang ou d'une simple mare, et
particulièrement le canard commun, parent encore proche du
canard sauvage, mais les grosses races, celles de Rouen, de
Barbarie, le mulard se passent très-bien de la mare. Un simple
baquet enfoncé en terre leur suffit pour se baigner et entretenir
le bon état de leur plumage. Les localités où l'élevage des ca-

nards se fait sur la plus grande échelle sont précisément celles
où l'on a le moins d'eau à leur fournir tant en Normandie que
dans le midi de la France ; ce qui ne porte aucune atteinte aux
qualités bien connues du canard de Rouen, d'Yvetot, d'Amiens
et de Toulouse.

Néanmoins, si on a la possibilité de donner aux canards
la jouissance d'une étendue d'eau plus ou moins considérable,
il est certain que ce sera une circonstance heureuse et une
condition favorable à la santé et au bon état des oiseaux. Dans
tous les cas, on ne doit jamais les laisser manquer d'eau, car ils
boivent beaucoup, l'eau facilite leur digession très-rapide,
comme on sait, et rend plus complète l'assimilation des aliments.
Enfin certaines plantes aquatiques leur sont très-favorables, et
entre autres la *lentille d'eau, canille, canillet*, etc. (le *lemna
minor* des botanistes). Avec cette plante, même, on peut sauver
des couvées entières de canards de basse-cour ou d'ornement dont quelque circonstance inattendue a compromis la
santé.

Donc, en résumé, l'eau est utile aux canards mais ne leur
est point indispensable, surtout aux grosses races, l'expérience
le prouve depuis bien longtemps, et l'absence d'un étang ou
d'une mare ne doit jamais être considérée comme un obstacle
à l'élevage très-profitable des canards, surtout si l'on peut disposer d'un parcours un peu considérable. L'air et l'espace sont
en effet plus nécessaires que l'eau au canard, que la domesticité
a peu modifié, du moins dans la race commune, et qui se
souvient encore de ses premiers instincts d'oiseau libre et
voyageur.

Toutefois, même dans une basse-cour restreinte, on peut encore élever des canards avec profit, surtout ceux de grosse race,
car la facilité de leur éducation, leur peu de besoins particuliers,
leur aptitude à prendre naturellement la graisse, en font toujours des oiseaux d'un produit plus certain que les poulets élevés dans les mêmes conditions.

Maladies. — Les canards sont, avons-nous dit, très-rarement malades, et leur rusticité supérieure constitue même avec la rapidité de leur développement et la facilité de leur alimentation, le principal avantage de leur élevage.

Néanmoins, les maladies auxquelles ils peuvent être exposés sont les mêmes que celles dont nous avons parlé à propos des oies, et se traitent de même. Mais le meilleur traitement est celui qui a pour but non de guérir, mais de prévenir les maladies, et ce traitement est tout entier dans les soins d'hygiène générale que nous avons énumérés dans les pages précédentes.

VII

PRODUITS DE L'ÉLEVAGE DES CANARDS

Les produits que fournit le canard sont à peu près les mêmes que ceux de l'oie, les uns supérieurs, les autres un peu inférieurs. D'abord, les canetons en chair ou engraissés ; tout le monde connaît la valeur des canetons dits de Rouen et des pâtés que l'on fait avec la chair des canetons de Picardie, sous le nom de pâtés d'Amiens. Le prix de la bête sur les marchés, notamment sur ceux de Paris, varie d'ailleurs de 1 à 5 francs, suivant qu'il s'agit du canard commun, canard barbotteur ou du canard de grosse race. Un beau mulard bien engraissé vaut 6 francs et même davantage.

Les foies servent, dans les départements garonnais, à confectionner les fameux pâtés dits terrines de Nérac et pâtés de Toulouse, dont la valeur commerciale, aussi bien que gastronomique, dépasse encore celle des pâtés de Strasbourg.

On tue les canards soit en les étouffant, soit en leur coupant la gorge, soit encore en leur introduisant une forte épingle dans le cerveau, par l'articulation de la tête avec le cou. Les Romains les asphyxiaient en les plongeant dans de l'eau mélangée de vin.

On les tue sans effusion de sang lorsqu'ils sont destinés à être immédiatement consommés, mais si leur viande doit être conservée pour la salaison ou le marinage, comme cela se pratique dans le midi, on les saigne, en ayant soin de ne pas tacher leur plumage. Rappelons que pour les mulards il faut enlever entièrement la tête de l'animal pour que la chair ne contracte pas le goût musqué.

La viande salée se prépare d'une manière fort simple. Deux jours après que l'oiseau a été sacrifié, on l'ouvre et on enlève les cuisses, les ailes, la poitrine et le cou. Quant à la carcasse, on la consomme presque toujours à l'état frais.

On sale la viande comme celle du porc dans de grands pots où elle doit séjourner pendant quinze jours ; après quoi, on la retire, on la pique de quelques clous de girofle, on la poivre et on la fait sécher dans un courant d'air.

Au lieu de la simple dessiccation, on emploie souvent le boucanage, en exposant la viande à la fumée de l'âtre, mais le procédé le plus généralement employé est le marinage. La saumure est une dissolution assez concentrée de sel marin mêlé d'un peu de salpêtre, et dans laquelle on fait infuser quelques feuilles de laurier et des plantes aromatiques.

Par ce procédé, on conserve la viande de canard pendant toute l'année pour la faire servir au fur et à mesure des besoins à l'alimentation du ménage.

Les plumes de canard, quoique moins estimées que celles de l'oie, ont néanmoins une valeur assez importante, qui entre pour un certain chiffre dans la somme des produits de l'élevage.

Les canards éprouvent deux mues par an, et c'est, comme pour les oies, un peu avant la mue, c'est-à-dire lorsque la plume est mûre et qu'elle commence à tomber naturellement, qu'on la récolte, en juillet et en octobre. Il est évident qu'on ne doit pas dépouiller l'oiseau entièrement et qu'il faut le tenir à l'abri du froid pendant quelques jours. On s'arrangera toujours de manière à ce que la plume soit repoussée pour l'hiver, sous peine de voir les canards souffrir beaucoup pendant la saison froide, les mâles rester impropres à la reproduction et les femelles infécondes au printemps. Aussi, en Normandie, ne plume-t-on pas les canes.

Quant aux sujets qu'on ne destine pas à la reproduction, ils pourraient être plumés partiellement tous les deux mois, mais cette opération répétée les fait maigrir considérablement. Un canard pourrait ainsi fournir près de 500 grammes de plumes par an, c'est-à-dire un produit d'environ 4 francs.

La plume de canard la plus fine et celle qui se rapproche le plus de celle de l'oie est, dit-on, celle du canard de Normandie. Nous n'avons pas besoin d'ajouter que la bonne préparation et la conservation des plumes de canard exigent des soins identiques à ceux que nous avons indiqués à propos des oies.

En somme, l'élevage du canard et particulièrement du canard de Rouen est une des branches les plus faciles et les plus productives des industries rurales. Les Chinois, qui dans certaines questions pratiques sont plus avancés que nous et réalisent depuis des siècles ce que nous jugeons souvent irréalisable, ont profité de cette facilité d'éducation pour établir la production du canard en grand, d'une manière fort ingénieuse.

Éclos par des procédés d'incubation artificielle, des milliers de canards sont parqués sur des bateaux qui parcourent les fleuves, les rivières et les canaux dont le Céleste Empire est en tous sens traversé. Réchauffés sous des appareils analogues à ce que nous appelons des *mères artificielles* ou sous les ailes de vieux canards dressés à cette fonction, les canetons sont tous les jours descendus à terre, sur les bords du fleuve, et sont libres de s'ébattre dans l'eau, de brouter sur les berges, de chasser les insectes et les mollusques aquatiques. Chaque soir,

à l'aide d'une sorte de pont-levis, ils regagnent le coucher sur
leur bateau où une petite distribution de grains leur est faite.
A mesure qu'un canton est exploité, le bateau se déplace, livrant toujours aux élèves qui l'habitent des rives inexplorées.
Un seul homme suffit, dit-on, à la conduite de deux à trois
mille canards, qui, sous l'influence de ce régime excellent et
peu coûteux, atteignent bientôt un état de chair suffisant pour
être livrés à la consommation dans les villes et les villages que
traverse le fleuve.

Rien n'est plus ingénieux que ce procédé et la seule raison
qui nous paraît empêcher qu'il soit imité chez nous, c'est que
nous ne savons pas encore, comme les Chinois, faire naître et
surtout élever des oiseaux par des moyens artificiels. Espérons
que ce problème déjà résolu partiellement et dont s'occupent en
ce moment les hommes les plus compétents ne tardera pas à
recevoir une solution définitive, complète et surtout pratique.

FIN.

TABLE DES MATIÈRES.

—————

172 TABLE DES MATIÈRES.